U0180752

数字媒体实训项目案例集

（基础篇）

张文忠　刘　成　主　编

朱　军　杨　扬　吴佳宁　副主编

上海大学出版社

·上海·

图书在版编目(CIP)数据

数字媒体实训项目案例集. 基础篇 / 张文忠，刘成
主编. —上海：上海大学出版社，2022.11
ISBN 978-7-5671-4582-5

Ⅰ.①数… Ⅱ.①张… ②刘… Ⅲ.①数字技术-多
媒体技术 Ⅳ.①TP37

中国版本图书馆 CIP 数据核字(2022)第 208976 号

责任编辑　邹西礼　时英英
封面设计　柯国富
技术编辑　金　鑫　钱宇坤

数字媒体实训项目案例集(基础篇)

张文忠　刘　成　主编
上海大学出版社出版发行
(上海市上大路 99 号　邮政编码 200444)
(https://www.shupress.cn　发行热线 021 - 66135112)
出版人　戴骏豪

＊

南京展望文化发展有限公司排版
江苏凤凰数码印务有限公司印刷　各地新华书店经销
开本 787mm×1092mm　1/16　印张 12.25　字数 261 千
2022 年 11 月第 1 版　2022 年 11 月第 1 次印刷
ISBN 978-7-5671-4582-5/TP·82　定价　68.00 元

数字媒体实训项目案例集（基础篇）
编委会名单

主　编　张文忠　刘　成

副主编　朱　军　杨　扬　吴佳宁

编　委　张锜伟　高　寒　孙晓翠　吴　婧

　　　　李　彬　孙杨清　贾慧媛　吉亚云

　　　　徐晓虹　景晓梅　黄慕媛　荆　扬

前言｜Foreword

数字媒体技术创新迭代迅速，数字出版产业发展突飞猛进。在产教融合背景下，专业教育资源与产业发展的紧密衔接，成为当下职业教育改革的必然要求。为提升学生的技术应用能力，实训教育资源的与时俱进显得尤为重要。当前市场上虽然数字媒体实训教材品类繁多，但大多数教材出版时间相对较久，收录的项目普遍存在风格、技术和形态过时的问题。基于时下数字媒体业态发展现状，为了进一步丰富和充实实训教学，上海出版印刷高等专科学校（以下简称"上海版专"）与行业知名企业睿泰集团深度合作，共同出版了本套全新的数字媒体实训教材。

本套教材精选了 28 个睿泰集团近年来具有代表性的真实数字媒体项目案例，分为视频、动画、互动媒体和虚拟现实四大类型，涉及企业宣传、数字出版、数字教育三大行业领域，每个项目案例由项目介绍、项目实训两个部分组成，旨在训练学生在清楚了解项目真实背景和客户需求的基础上，遵照制作要求和技术规范来完成对应的项目作品，并通过自评和总结的方式检验实训学习成果。

本套教材的每个案例均来自企业真实的业务项目，实训要求也均为客户真实的技术需求。为了便于学生实训时对照学习，我们对每个项目的实操过程均进行了详细描述，哪怕是零基础的学生也能对照实操步骤完成实训任务。此外，本套教材为每个案例项目都储备了配套的脚本、素材和成品等数字资源，学生可在老师的引导下前往指定平台进行阅读、下载或观赏。

为了满足实训教学的不同层次要求，本套教材分为基础篇、进阶篇两册出版，每册均包含 14 个项目，进阶篇在技术难度和实训周期上相较基础篇高出一个档次。与此同时，为了保证实训项目的与时俱进，本教材未来将根据行业发展情况和专业教学需要，定期新增、删减和修订书中项目。

由于作者水平有限以及编写时间仓促，书中难免存在差错与不足之处，希望使用本套教材的老师和学生不吝指正，以便我们在下次出版时予以修正。

上海出版印刷高等专科学校出版与传播系数字出版专业教研室

2022 年 6 月 8 日

目录 | Contents

案例 1

幼儿阅读课程视频微课项目

一、项目介绍

（一）项目描述

此项目是针对某学前教育机构幼儿阅读课程的视频微课而进行的一个后期剪辑项目。该项目的主要任务是对原始视频进行剪辑并添加片头、片尾和转场效果，最终输出符合项目要求的视频微课。

（二）基本要求

本项目要求对原始视频进行视频的剪辑、画面的调色和转场效果的设计以及音频的剪辑和降噪处理，并加上片头、片尾特效视频。其中，在视频剪辑上要求对原始视频中教师的口误、画面内容的错误等进行剪辑，保证课程内容没有错误和卡壳等问题；在音频剪辑上要求没有环境机器的噪音，在降噪的同时保证音频不失真。此外，在剪辑时要尽量保持声画同步剪辑，保证声画同步。剪辑完成后，视频最终输出时长要在 8 分钟以内，大小在 100 M以内，并以 MP4 视频文件的形式呈现。

（三）作品形式

微课视频开始的画面为品牌 logo 及课程主题展示的特效动画，正片部分的画面为女教师讲课的视频内容，片尾为品牌出品及版权声明的特效动画。课程主题展示画面如下图所示。

二、项目实训

基于上述客户真实的项目需求,归纳项目实施过程中的基本要求、标准规范和实施步骤,挑选其中典型的课程设计对应的实训活动。

(一) 实训要求

1. 制作要求

（1）总体视频要求

① 音频设置的音量要大小合适。对音频要进行降噪处理,剪除视频源文件的机器底噪声音。

② 要剪除原始视频的错误、冷场和无关的内容。视频冷场时间不超过 3 秒,保证剪辑视频的流畅性。

③ 剪辑断点柔和平滑,不突兀生硬。

④ 为视频课程添加片头、片尾。

（2）其他要求

各位学生需在规定的课堂时间内完成实训任务,规定时间完不成的则自行在课外完成,并最终在规定时间内提交实训作品。

2. 技术规范

视频尺寸：1 280×720 像素。

画面渲染：压缩格式：H.264；比特率：下限不低于 2 000 kbps,上限不高于 4 000 kbps；帧率：25 fps。

音频渲染：音频编码：AAC；采样率：48 000 hz 立体声；比特率：128 kbps。

最终成品：视频格式为 MP4,大小不超过 500 M。

(二) 实训案例

1. 案例脚本

序号	类型	画　　面	剪　辑　动　作	视频时长
1	片头		插入片头视频素材	25 秒

序号	类型	画 面	剪 辑 动 作	视频时长
2	正片		插入视频源文件,减除中间老师口误的片段、老师出错及停顿的片段及片尾无用部分,并制作、替换和覆盖原始画面中的线条不太明显的听说读写关系图	7分钟左右
3	片尾		插入片尾视频素材	7秒

2. 实施步骤

序号	关键步骤	实 施 要 点
1	分析原始视频	**浏览原始视频,记录问题点:** 首先,将拿到的原始视频进行通篇浏览,将视频中的问题点记录下来,如是否有与视频内容无关的片段、是否有老师口误说错的片段、视频中是否有机器底噪的声音等。其次,对这些问题进行处理和剪辑,完成后再加上片头和片尾,并处理剪辑断点等,最终渲染视频。
2	音频处理	**1. 提取音频文件** 　　将原始的拍摄素材导入PR中,并等待音频缓存完毕。随后在时间线中选中音频素材,右击选择在Adobe Audition软件中剪辑编辑,等待Audition软件将视频音频打开。

序号	关键步骤	实 施 要 点
2	音频处理	**2. 音频音量处理** 在 Audition 软件中分析音频的频谱,默认音频频谱如果已超过 80% 即可判定为正常音频。从频谱中可以看到,音频音量大小已超过 90%,所以不需要调整音频大小(除非频谱出现消顶现象,即音频频谱上端已超出 100% 设定,当然此操作不可在音频中出现)。 **3. 音频底噪处理** 摄像机拍摄的视频都会有机器底噪。转动鼠标将频谱放大一些,可以看到频谱中的底噪部分,将此部分选中,在菜单栏中依次选择"效果""降噪/恢复""降噪(处理)"命令。 执行命令后系统会跳出降噪面板,此时我们点击面板中的"捕捉噪声样本"指令。 点击指令后软件会自动将噪声采样,并将降噪参数修改成图中的数值(如下图所示)。 修改完参数后,再用鼠标点击面板中的"选择完整文件"命令。此步骤操作完成后软件会自动全选音频,我们再点击"应用"命令,等待音频降噪结束。音频降噪结束后,可以看到经过降噪处理的底噪已经几乎被压成直线。 全部处理完以后,在 Audition 软件中命名并保存后返回 PR 中即可。(需补充说明的是:在 Audition 软件中如果将处理完的音频直接保存,软件会在后台直接将文件保存并替换到 PR 软件中)

序号	关键步骤	实　施　要　点
3	视频剪辑	**1. 处理原始视频** 　　此阶段的重点工作是要将老师出现的口误、错误、冷场及与课程无关的内容剪除,并根据之前初步浏览记录下来的问题点,进行一一处理。 　　在操作面板中使用"剃刀工具",在剪切点点击视频素材,即可将视频中不需要的内容删除从而对视频完成裁剪。 　　在剪辑中为了提高剪辑效率,我们在英文状态下可以按键盘的 L 键(即向右往复快捷键)加快视频播放速度,还可以配合 Shift+L 键调整适合自己的剪辑速度。与 L 命令相反的是 J 键(即向左往复快捷键)。 **2. 添加片头片尾** 　　将片头、片尾素材导入素材库中,并将其拖动到合适的位置上。为了使视频交界处过渡自然不突兀,我们可以加一些过渡效果,比如在"效果"面板中选择合适的过渡效果,并将其拖动至时间轴。 　　同时,我们还可以在左上方的效果控件中,对此效果进行具体的设置修改(如下图所示)。
4	审核渲染导出	整个视频处理完后,我们还需要仔细地审核,如从头到尾仔细地看一遍,查看视频接缝处是否过渡自然等。经过修改确认无误后,再按照项目要求将所有参数调整为要求的数值进行视频渲染。

(三) 实训任务

严格按照实训要求中的标准和规范,参照实训案例中的操作步骤,完成下面的实训任务。

1. 任务内容

参照《幼儿阅读微课》的制作规范,对拍摄的原始视频进行剪辑处理,并加上片头、片尾和过渡效果,最终输出对应的 MP4 视频。

2. 素材清单

在开始实训任务前,请在任课教师的指导下,下载对应素材。

素 材 类 型	包 含 内 容
素材下载清单	片头片尾、原拍摄视频

3. 成品欣赏

完成实训任务后,请在任课教师的指导下,下载并欣赏此任务对应的项目成品效果。

(四) 实训评价

根据下方评价标准,给自己的实训成果进行打分,每项 10 分,总分 100 分。

序号	评价内容	评 价 标 准	分数
1	问题识别	是否能识别出原拍摄视频中的问题	
2	音频处理	音频底噪处理是否平滑干净	
3		音频音量处理是否妥当	
4	视频剪辑	视频中的口误、错误、冷场等内容是否处理干净	
5		片头、片尾是否插入在合适的位置	
6		剪切处是否过渡自然	
7		视频成品播放是否流畅	
8		剪切位置是否合适,会否有吃字、漏字等现象	
9	文件参数	压缩格式、比特率、帧率等是否符合要求	
10		音频编码、码率等是否符合要求	
	总体评价		

(五) 实训总结

遇到的问题 列举在实训任务中所遇到的问题,最多不超过 3 个

续　表

解决的办法 实训过程中针对上述问题,所采取的解决办法
个人心得 项目实训过程中所获得的知识、技能或经验

茉莉花文化微电影剪辑制作项目

一、项目介绍

（一）项目描述

某医药学院为促进中西方文化交流,拍摄并制作了"由留学生来讲述中国的茉莉花文化,以体现其对中国文化的热爱"的微电影。此项目为该微电影的后期剪辑制作部分,要求对原始的多机位视频进行剪辑,融入与中国的茉莉花文化相关的视频素材,并为微电影添加片头、片尾及字幕。

（二）基本要求

根据脚本规定的镜头顺序,对原始视频进行混合精简,并添加恰当的转场效果,保证视频整体流畅优美、镜头切换自然合理、视频展示节奏恰当。在剪辑过程中要对视频进行调色,对音频进行降噪,以保证视频前后色调的统一及音频的明晰明亮。最后,在视频前后分别插入片头、片尾特效,并剪辑完成输出时长为4~5分钟的微电影。

（三）作品形式

微电影主要由留学生在镜头前弹唱并讲述歌曲《好一朵美丽的茉莉花》的内涵、冲泡茉莉花茶几个镜头组成,视频中要融入茉莉花图片、《好一朵美丽的茉莉花》歌曲歌词、茉莉花歌曲演奏表演等相关视频。视频封面如下图所示。

二、项目实训

基于上述客户真实的项目需求,归纳实施过程中的基本要求、标准规范和实施步骤,挑选其中典型的课程设计对应的实训活动。

(一) 实训要求

1. 制作要求

(1) 总体要求

① 本项目属于微电影,在项目实施中需注重发挥微电影的特色。

② 本项目要求使用所提供的拍摄源文件,要根据脚本、实际旁白内容,合理融入与茉莉花主题相关的视频画面(相关图片、视频素材需学生自行搜集)完成《好一朵美丽的茉莉花》微电影的视频剪辑。视频作品要求旨意清晰明了,能够展现中国文化之美。

(2) 剪辑制作要求

① 画面统一校色。对多个机位的画面进行校色,使各机位画面色调统一。

② 声音降噪。对拍摄源文件的音频进行频谱分析,对可能出现的机器底噪进行降噪处理。

③ 镜头切换。对中景、全景及特写的镜头切换要平均,不能出现长时间机位没有切换的情况。

(3) 其他要求

① 通过网络搜集图片、视频、背景音乐等素材时,尽量选择版权免费的,如遇版权不明的,需及时记录下来。

② 各位学生需在规定课堂时间内完成实训任务,规定时间完不成的则自行在课外完成,并最终在规定时间内提交实训作品。

2. 技术规范

视频分辨率:1 920×1 080 像素。

帧率:25 fps。

视频时长:4～5 分钟以内。

音频采样率:4 800 khz。

音频比特率:128 kbps。

输出视频文件:H.264 压缩格式。

(二) 实训案例

1. 案例脚本

<table>
<tr><td colspan="8" align="center">《好一朵美丽的茉莉花》文化交流—分镜脚本</td></tr>
<tr><th>场景</th><th>镜号</th><th>景别</th><th>画　面</th><th>声　音</th><th>时长</th><th colspan="2">备　注</th></tr>
<tr><td rowspan="5">室外环境</td><td>1</td><td>全景</td><td>人物弹唱</td><td>好一朵美丽的茉莉花</td><td>2秒</td><td colspan="2"></td></tr>
<tr><td>2</td><td>中景</td><td>人物弹唱</td><td>好一朵美丽</td><td>1秒</td><td colspan="2"></td></tr>
<tr><td>3</td><td>近景</td><td>人物表情</td><td>的茉莉花</td><td>1秒</td><td colspan="2"></td></tr>
<tr><td>4</td><td>近景</td><td>手弹吉他动作</td><td>芬芳美丽满枝桠</td><td>1秒</td><td colspan="2"></td></tr>
<tr><td>5</td><td>中景</td><td>人物—移镜头</td><td>又香又白人人夸</td><td>2秒</td><td colspan="2">声音淡出
画面渐黑</td></tr>
<tr><td rowspan="7">茶社</td><td>6</td><td>中景</td><td>人物正面</td><td>大家好,我是来自印尼的留学生。我来到中国以后,听过不少中国的音乐</td><td>9秒</td><td colspan="2"></td></tr>
<tr><td>7</td><td>近景</td><td>人物侧面</td><td>其中就有这首歌,我觉得歌曲的旋律非常动听,歌词也写得非常优美</td><td>9秒</td><td colspan="2"></td></tr>
<tr><td>8</td><td>中景</td><td>人物正面</td><td>这就是中国非常著名的一首民歌《好一朵美丽的茉莉花》</td><td>5秒</td><td colspan="2">画面空白
展示歌名</td></tr>
<tr><td>9</td><td>—</td><td>水墨展示:香港及澳门回归图片或者影像,雅典奥运会地标,北京奥运会地标颁奖。有影像用影像资料,没有影像的用图片展示</td><td>这首歌在众多重大场合中被演奏,比如在1997年香港回归及1999年澳门回归时的政权交接仪式,2004年雅典奥运会的中国8分钟,2008年北京奥运会开幕式和颁奖典礼等</td><td>25秒</td><td colspan="2"></td></tr>
<tr><td>10</td><td>中景</td><td>人物正面</td><td>它有着非常悠久的历史,据说它起源于明代的民间戏曲《鲜花调》</td><td>8秒</td><td colspan="2"></td></tr>
<tr><td>11</td><td>近景</td><td>人物侧面</td><td>随着18世纪中国民间戏曲的繁荣,其逐渐流传到国外</td><td>6秒</td><td colspan="2"></td></tr>
<tr><td>12</td><td>中景</td><td>人物正面</td><td>并对西方音乐的发展也产生了影响</td><td>5秒</td><td colspan="2"></td></tr>
</table>

场景	镜号	景别	画 面	声 音	时长	备 注
茶社	13	—	视频资料	意大利著名作曲家普契尼借鉴此曲创作了歌剧《图兰朵》选段《东边升起月亮》	5秒	
	14		后期影像或图片展示	在中国，这首民歌还被创作出了各种各样的形式，有钢琴曲、琵琶曲、民族舞、芭蕾舞等等	12秒	
	15	中景	人物正面	茉莉花已经成为中国文化的代表。它在每年的夏秋期间开放，花朵洁白高雅，香气沁人心脾	11秒	手持茉莉花
	16	近景	人物侧面	炎炎夏日欣赏着它玲珑的花朵，闻着它淡淡的幽香，便会让人觉得心中凉爽许多	11秒	手持茉莉花
	17	中景	人物正面	中国古代很多诗人也在自己的作品中将它描绘出来	6秒	手持茉莉花
	18	特写	装有茉莉花及茶叶的茶具	中国人还将含苞待放的	3秒	
	19	特写	装有茉莉花及茶叶的茶具	茉莉鲜花和已干燥烘青的绿茶混合在一起制成了茉莉花茶	11秒	
	20	特写	水倒入玻璃杯，茶叶被冲起	制成的茉莉花茶，有养目净心的功效	5秒	
	21	特写	摆拍泡好的茶与一支茉莉花	深受人们喜爱	2秒	
琴行	22	全景				
	23	中景				
	24	近景	依据现场情况进行现场拆分			
	25	近景				
	26	中景				

2. 实施步骤

序号	关键步骤	实 施 要 点	注意事项
1	研读脚本	认真阅读脚本,了解微电影的拍摄内容。可以发现,微电影的内容结构依次为: 留学生在室外弹唱茉莉花歌曲;留学生在室内讲解茉莉花文化(要融入冲泡茉莉花茶的拍摄镜头及与茉莉花主题相关的视频画面);留学生在室内弹唱茉莉花歌曲。脚本中的景别、画面、时长仅供参考,剪辑时,可根据实际拍摄的内容进行设计。	在实际项目拍摄中,如果拍摄的视频素材出现与脚本有出入的情况,需根据实际拍摄内容进行设计、剪辑。
2	分析素材	**1. 视频素材** 结合脚本,浏览所有的视频素材,熟悉实际拍摄的内容。根据之前"脚本研读"环节所分析的微电影内容结构,对拍摄素材按内容进行分类,并整理放入不同的文件夹,以便于后期剪辑使用。 在本项目的原始素材拍摄中,如果部分素材内容有失误、不能使用,可将这类素材筛除。需关注的是后续为微电影匹配字幕时,如果有实际拍摄内容与脚本中的声音(旁白)不一致的情况,要以实际拍摄的内容为准。 **2. 平面素材** 素材包中提供的平面素材,可用于片头设计。	
3	搜集素材	根据脚本,微电影中需要融入、穿插的与茉莉花主题相关的画面,主要为: 香港与澳门回归时的政权交接仪式;2004年雅典奥运会的中国8分钟;2008年北京奥运会开幕式、颁奖典礼;歌剧《图兰朵》选段《东边升起月亮》;茉莉花歌曲的其他艺术形式,如舞蹈等。搜集上述素材时,最好搜集视频形式的。 同时,可根据自己对微电影主题的理解、对画面剪辑的构思,补充收集其他可融入作品的素材,如茉莉花歌曲的词谱、茉莉花植物的视频。	
4	视频校色	使用PR软件中的"色彩校正"功能(路径:特效→视频特效→色彩校正),对所有会使用到的视频素材,进行初步的校色。 对照双机位视频的色彩效果,利用参数精确调整画面色调,对色调偏离的视频画面进行校准,最终将双机位画面的色调调一致。	
5	音频降噪	先确定微电影中,要使用视频素材中的哪些声音。如:微电影第一部分是"留学生在室外弹唱茉莉花歌曲",素材包中完整的室外弹唱视频有好几个(均是按不同景别拍摄的),我们则需从中筛选出声音录制较好、环境噪音及机器底噪相对较小的那个。然后在PR中使用Audition对视频中的声音进行降噪,使微电影作品里的声音能以最好的音质呈现(具体的降噪方法可参见案例1)。	

序号	关键步骤	实　施　要　点	注意事项
6	视频剪辑	**1. 剪辑** 以微电影的第一部分"留学生在室外弹唱茉莉花歌曲"为例,进行介绍。我们可以将这部分以不同景别、不同运镜方式拍摄的视频,运用 PR 的多机位编辑功能进行剪辑。 （1）多机位画面出入点对齐 仔细观察音谱,寻找与音谱起伏相同的映射画面进行多机位画面对齐。选中素材按住 Alt＋键盘左右键可以对时间线素材进行微调,确保音频精确对应。 （2）多机位视频剪辑 选中已经对齐的全部素材,点击鼠标右键,在弹出的对话框里点击"嵌套"命令,在"嵌套序列名称"对话框输入名称,点击"确定",几根轨道的素材会自动整合在一根轨道里。鼠标右击"嵌套序列"（或自命名称）所在轨道,在对话框里选择"多机位",再选择"启用"。如果"嵌套序列"前面出现"MC1"字样,说明多机位剪辑功能被启用。同时,我们还可以将多机位开启工具添加到常用工具栏以备后用。 多机位剪辑启用后,"节目"面板将变成多机位剪辑框,其分为两个部分,左边是多机位窗口,右边是录制窗口。先点击"播放—停止切换"按钮,再点击多机位窗口的某机位图像,选中的机位图像边框呈红色,说明正在录制此机位图像,此时录制窗口会呈现此机位的图像。在多机位窗口里不断地点击你需要的机位的图像,直到录制完毕;或点击"播放—停止切换"按钮,停止录制。 进行双机位视频画面的剪辑。首先,我们选中已对齐的所有素材,将两个机位嵌套生成一个新的序列,并启用多机位剪辑预览模式。然后,对照脚本要求,通过准确切换多机位图像,快速剪辑出所需的多机位镜头的视频。最后,在多机位画面衔接的地方及素材与视频衔接的地方设置合适的转场效果,使得镜头转换及页面切换更加流畅。 （3）多机位素材的精确调整 ① 不同机位素材的替换。点击多机位剪辑窗口下的"播放—停止切换"按钮,可以播放录制窗口的图像。若要替换录制窗口的图像,则点击"播放—停止切换"按钮,使录制窗口的图像处于暂停状态,再点击多机位窗口中需要替换的机位的图像,此时这个机位的图像边框会呈黄色,而同时录制窗口会呈现替换的图像,这样不同机位的素材便替换成功。或者,右击"嵌套序列"里的需要替换的图像,在对话框里选"多机位",再根据需要选择相机 1、2、3,也可将素材替换成功。 ② 相邻素材的时间长度的调整。选择"工具栏"的"滚动编辑工具",在"嵌套序列"（或自命名称）的两个素材间,左右移动鼠标,即可调整相邻素材的时间长度。 **2. 优化视频内容** 为使呈现内容更加丰富,可加入其他画面素材。 以微电影的第一部分"留学生在室外弹唱茉莉花歌曲"为	

序号	关键步骤	实 施 要 点	注意事项
6	视频剪辑	例,电影中可加入关于茉莉花的视频画面(可自行搜集,但要注意所使用的素材是否存在版权问题)。首先,依次点击"文件""导入"选项将所需要的素材导入到项目列表中,并将其拖入时间线轨道进行初步剪辑。然后,在时间线轨道上插入或替换原有的视频内容。 **3. 设置过渡转场** 在不同镜头/内容的视频画面衔接的位置设置适当的过渡转场效果,如擦除、溶解等均可,使得镜头转换更为流畅。 **4. 制作片头** 直接使用素材包中提供的平面素材,制作片头。 **5. 添加字幕** 微电影整体完成剪辑后,要添加字幕。字幕内容以实际拍摄视频中留学生的讲述话语为准。 制作时,要固定字幕的位置,原则上一般居中显示。制作完成后还要检查是否有错别字、字幕与配音是否匹配。	
7	审核渲染导出	微电影整体完成剪辑后,还需认真审核。确认无误后,根据项目要求、行业经验,为视频设置合适的参数或格式,最后渲染成所需要的成品。	

(三) 实训任务

严格按照实训要求中的标准和规范,参照实训案例中的操作步骤,完成下面的实训任务。

1. 任务内容

参照《好一朵美丽的茉莉花》的脚本内容,结合实际拍摄的视频素材,剪辑制作微电影。

2. 素材清单

在开始实训任务前,请在任课教师的指导下,下载对应素材。

素 材 类 型	包 含 内 容
素材清单	拍摄源视频、平面设计

3. 成品欣赏

完成任务后,请在任课教师的指导下,下载并欣赏此任务对应的项目成品效果。

(四) 实训评价

根据下方评价标准,给自己的实训成果进行打分,每项 10 分,总分 100 分。

序号	评价内容	评价标准	分数
1	画面校色	微电影整体的画面如色调、明暗等是否和谐	
2		多机位视频的画面如色调、明暗等是否统一	
3	音频处理	音频降噪效果是否恰当	
4		音频音量处理是否合适	
5	视频剪辑制作	片头呈现是否妥当	
6		画面镜头的切换节奏、剪辑效果是否合适	
7		自行搜集的画面素材呈现是否合适	
8		过渡转场效果是否合适、自然	
9		音画是否同步	
10	字幕制作	字幕与配音是否匹配	
总体评价			

(五) 实训总结

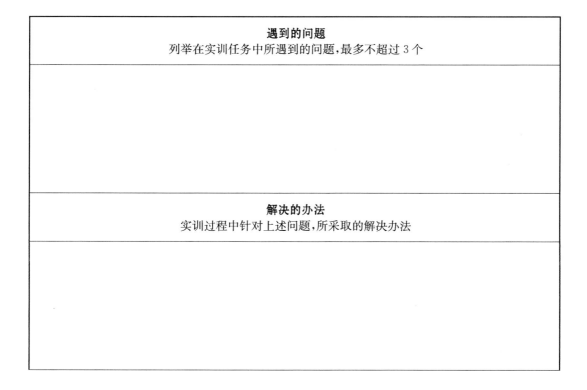

遇到的问题
列举在实训任务中所遇到的问题,最多不超过 3 个

解决的办法
实训过程中针对上述问题,所采取的解决办法

续　表

个人心得

项目实训过程中所获得的知识、技能或经验

幼儿识字课程情景动画项目

一、项目介绍

（一）项目描述

本项目的主要目的是帮助某幼教科技企业开发语文识字类动画课程。本项目需要根据客户提供的课程文字内容，设计对应的角色、场景和动画效果，以情景动画的形式向2～3岁的幼儿展现识字课的内容从而帮助幼儿达到识字的目的。

（二）基本要求

由于动画面向的幼儿年龄较低，因此动画的整体风格颜色要明亮，动画形象要可爱且活泼，符合幼儿的喜好。制作时可使用提供的平面素材和音效文件，如需自己绘制，需要保持风格一致。动画效果要平滑流畅，配音舒缓清晰，最终输出格式为MP4动画视频。

（三）作品形式

动画片头以简单的图文动画，快速展示课程的名称；中间是与课程内容知识对应的多个场景的情景动画；最后片尾为课程完结的图文小动画。课程主题封面如下图所示。

二、项目实训

基于上述客户真实的项目需求,归纳项目实施过程中的基本要求、标准规范和实施步骤,挑选其中典型的课程设计对应的实训活动。

(一)实训要求

1.制作要求

(1)总体要求

① 由于本项目成果面向的受众对象年龄段较低,因此在平面设计、动画制作过程中需要考虑受众对象的喜好和习惯特点。

② 此项目对情景的平面、动画制作、镜头转换等方面要求比较高,在绘制素材的时候,需要格外注意。

(2)平面设计要求

① 整体为扁平化的卡通风格。

② 能够将脚本文字内容的表达准确转换为平面画面。

③ 自行绘制的角色形象要灵动可爱,符合托班、小班儿童的审美需求,并且符合脚本当中对其性格的描写。

④ 场景元素的绘制,要符合主题的风格,形象、道具要符合实际大小及比例,要有结构阴影和高光投影等细节,突出画面空间的层次。

⑤ 在不影响知识点呈现的前提下,可加入一些儿童喜欢的道具元素,以增加画面的丰富性。

⑥ 人物和场景之间的配色,要体现差异性,不能过于接近。

⑦ 角色在更换场景时,注意人物比例关系的变化,前后要保持一致。

(3)动画设计要求

① 场景之间的跳转要自然、流畅不突兀。

② 角色的动作和表情流畅顺滑,不能出现穿帮、跳帧、动作生硬等基本动画硬伤。

③ 人物说话、动作等都需要和音频相匹配。

④ 重点突出知识点呈现部分,当呈现知识点时动画节奏可适当放慢,可采用闪烁或单独强调等方式加以提示。

⑤ 纯静态画面停留时间不得超过4秒。

(4)其他要求

① 实训过程中,需要各位同学互相配合完成的任务,同学们可自行结成任务小组并推出组长,各同学通力合作共同完成实训任务。需要各位同学独立完成的,则严格要求自行独立完成,不可进行抄袭、借用等行为。

② 各位学生需在规定课堂时间内完成实训任务，规定时间完不成的则自行在课外完成，并最终在规定时间内提交实训作品。

2. 技术规范

（1）源文件规范

动画尺寸（制作）：1 280×720 像素，帧频：12 fps。

声音设置：MP3 格式，比特率 128 kbps，最佳品质。

代码类型：ActionScript 3.0。

（2）平面制作规范

平面可使用素材库中提供的素材，但学生若想自行创作，可根据下方规范进行自由创作。

1）场景制作

场景总体设计以素材包中的原图书文件为主，通过补齐和拆分将图书文件中的场景独立出来，风格设计上采用卡通、粉笔画的风格。

2）人物制作

① 该项目的人物角色涉及不多，仅有一个人物需要绘制，可根据项目扁平化的卡通风格进行绘制。若学生水平较高，可以结合课本教材发挥创意自行进行绘制。

② 人物并不要完整的动作呈现，但整体风格是偏粉笔画，所以在头部轮廓和木桶阴影的处理上要过渡自然。

③ 人物可采取一些元素进行装饰，装饰物上不要采取单一的纯色设计，要有渐变的层次效果。

3）文字样式

字体：新罗马体，字号：85 磅左右。因本项目文字出现的内容较少，仅在片头作为标题出现，所以在设计文字时可以进行一定程度的点缀，比如说：描边、阴影等。

4）排版布局制作

按照排版原则，画面排版需对齐，布局要合理，具有良好的辨识度和美观性。

（3）动画制作规范

1）背景音乐制作

① 背景音乐和音效的音量，要低于配音音量。

② 背景音乐风格的选取要贴切主题。

2）转场动画制作要求

① 根据脚本内容，要在不同场景转换过程中加入转场动画。

② 过渡要自然，切勿生硬，避免出现穿帮、跳帧等问题。

③ 本项目的动画转场内容不多，在制作中可以多使用移镜头进行转场。

3）人物动画制作

① 人物动作要规范、自然，避免出现滑步、跳帧等问题。

② 人物移动要与配音同步，使关节动画保持自然流畅。

4）镜头运动制作

① 镜头要运用推拉摇移手法,但需酌情设计,一般可按照脚本要求对应添加。

② 镜头移动时,人物、道具、场景要过渡自然且符合逻辑,避免出现移动错位。

（二）实训案例

1. 案例脚本

路

蓝蓝的天空是飞机走的路

滚滚的江河是轮船走的路

长长的铁轨是火车走的路

宽宽的马路是汽车走的路

清洁的人行道是行人走的路

2. 实施步骤

序号	关键步骤	实 施 要 点 及 步 骤
1	需求分析	**了解基本制作信息：** 根据客户要求,需要为诗歌朗诵《路》的情景动画制作片头动画及其五大场景的正片动画。在动画设计过程中需要绘制片头动画、飞机动画、轮船（水流）动画、火车（场景）动画、汽车动画、行人动画。
2	素材分析	**平面素材：** 根据客户所提供的平面素材,在五大场景动画素材已有的基础上,自行绘制片头动画的角色及道具物品。片头动画的白云背景及其云朵的素材需要自己搜集下载。 **音频素材：** 根据客户所提供的音频素材,在诗歌朗诵音频文件已有的基础上,自己搜集下载片头动画的背景音乐和正片动画的背景音乐。
3	平面设计	根据客户所提供的《路》的课本内容和图片素材,可以发现在平面设计的过程中,需要设计片头人物形象和道具,包括人物所乘坐的木桶、片头人物形象、木桶上所系的气球等,整体风格偏向手绘粉笔画。 由于该环节只涉及平面文件的绘制,所以对绘制工具不做规定,可以使用 PS,An,Sai 等软件绘制。这里的演示,以 An 进行绘制演示。 **1. 建立工程文件** 根据项目源文件规范,建立相应格式和尺寸的工程文件。 **2. 绘制木桶线稿** 在进行图形绘制时,一般情况下,我们需要先绘制图形的轮廓。这里不推荐使用鼠标绘制,有条件的同学可以采用手绘板进行绘制,水平较高的同学可以直接进行绘制,其余同学可以将成品图透明度调低,在此基础上进行临摹,最终完成图如下图所示:

23

序号	关键步骤	实 施 要 点 及 步 骤

3. 绘制人物线稿

该人物是坐在桶中的,所以在绘制的时候,并不需要对人物的全身所有细节进行绘制,只需要完成上半身的绘制即可。同时,人物是存在关节等部位的,所以在绘制时最好将人物的各个关节进行拆分,在不同的图层进行绘制,最终完成图如下图所示:

序号 3　平面设计

4. 绘制气球线稿

完成木桶和人物的线稿后,需要对整体图像进行装饰,这里可以采用气球进行装饰,从而使得画面内容更加丰富。

5. 对线稿进行组合

对已完成绘制的内容进行组合,并将其作为组成片头的基本内容。需注意的是,在这个环节,最好将已经绘制好的内容转化为元件,以方便我们进行进一步编辑操作。

6. 完成填色处理

对已经绘制好的线稿进行上色,同时也可以从素材网上搜集或绘制一些云朵的图标,对画面进行充实。

值得注意的是,在这过程中由于图像风格偏向粉笔画,所以在绘制的时候,可以运用一些笔刷进行填色。

序号 4　动画制作

1. 制作片头动画

首先,导入白云素材作为片头动画背景,为部分云朵添加向左移动的关键帧并创建传统补间,使用遮罩的方式为右边云朵添加人物图片浮现的效果并创建传统补间(如下图所示)。

序号	关键步骤	实　施　要　点　及　步　骤
4	动画制作	其次,导入"篮筐气球人"等原件素材,添加气球移动关键帧并创建传统补间,制作"篮筐气球人"上升的动画(如下图所示)。然后,同样用关键帧和传统补间的方式,逐一添加木桶上下浮动、各色气球左右摆动、人物手部摆动的效果动画。注意在添加人物手臂摆动的动画时,首先需要把手臂部件单独拆分并将轴心移动到肩膀一端,然后再为其添加旋转摆动的动画。 最后,插入文本框并输入诗歌主题"路"字,并为其设置合适的字体、颜色和描边及添加先放大再缩小的动画效果。 **2.制作课本内容动画** 根据诗歌内容,需要绘制飞机飞行、轮船航行、火车前进、汽车行驶和行人步行五大场景动画。在图层时间线轨道上导入素材库中诗歌《路》的朗读音频,根据朗诵配音的时间点确定好五大场景动画开始与结束的关键帧位置。 例如,在制作飞机飞行动画时,首先导入天空图片作为背景,其次导入飞机图片并将其转换为元件,然后在飞机起始和结束的位置和时间点设定好关键帧,最后添加补间动画即可。 参照上述方法,依次绘制余下的四大场景动画。其中需要注意的是,制作轮船动画时,需要绘制波浪上下起伏和左右滚动的动画;制作火车动画时,需要绘制铁轨背景图片向上运动的动画;制作汽车行驶和人物步行动画时,由于其中有多个运动的元素,可以在制作完成后对其进行编组,以便于使得时间轴更加简洁。 此外,还要为五大场景动画之间添加转场效果(如下图所示)。添加方式也很简单,只需绘制一个跟主界面相同大小的白色矩形,设置"透明—不透明—透明"的关键帧并创建补间动画即可。

续 表

序号	关键步骤	实施要点及步骤
4	动画制作	最后预览一下动画及其配音的效果,调整好各场景画面内容的关键帧位置,让画面跟朗读音频的内容准确卡点即可。 **3. 制作片尾动画** 本案例的片尾动画比较简单,主要由一个画面缩小动画和"完"字放大动画组成。 **(1) 画面缩小动画** 首先,在片尾开始时间打上关键帧,绘制一个外方内圆的镂空形状。形状大小如下图所示,大致露出场景画面即可。然后,在片尾结束时刻打上关键帧,绘制一个外面方形里面圆形的较小的镂空形状。最后,选中间帧位置,插入补间形状即可。如此,就可以获得一个画面缩小的动画效果。 **(2) "完"字放大动画** 首先,打上开始关键帧,选择一个合适的字体输入"完"字并调整好大小和位置。然后,打上结束关键帧,将文字适当放大。最后,在中间帧位置添加形状补间即可。 所有动画制作完毕后,可以插入一个背景音乐,使诗歌朗诵的情景动画更加生动。
5	审核修订	仔细检查绘制完成后的动画,如是否与课本内容匹配,元件分层是否合适。经确定无误后,即可输出 MP4 成片。

(三) 实训任务

严格按照实训要求中的标准和规范,参照实训案例中的操作步骤,完成下面的实训任务。

1. 任务内容

参照诗歌《路》的课本内容,使用对应的素材制作情景动画,最终输出对应的 MP4 动画。

2. 素材清单

在开始实训任务前,请在任课教师的指导下,下载对应素材。

素 材 类 型	包 含 内 容
素材包	课本内容、平面、音频

3. 成品欣赏

完成实训任务后,请在任课教师的指导下,下载并欣赏此任务对应的项目成品效果。

(四) 实训评价

根据下方评价标准,给自己的实训成果进行打分,每项 10 分,总分 100 分。

序号	评价内容	评 价 标 准	分数
1	平面设计	角色设计是否符合项目风格和需求	
2		场景绘制是否与角色相匹配	
3		各场景、角色是否符合实际的比例和特点	
4		画面的布局排版是否合理美观	
5		整体设计是否符合此年龄段用户的喜好	
6	动画设计	整体动画是否出现跳帧等动画基本问题	
7		角色动作是否顺畅或出现穿帮现象	
8		重要知识点是否突出	
9		配音是否与人物的动作等相匹配	
10		是否为各元素的出现、消失、高亮配上了丰富的音效	
	总体评价		

（五）实训总结

遇到的问题 列举在实训任务中所遇到的问题，最多不超过 3 个
解决的办法 实训过程中针对上述问题，所采取的解决办法
个人心得 项目实训过程中所获得的知识、技能或经验

案例 4

小学英语单词学习图文动画项目

一、项目介绍

(一) 项目描述

某互联网教育企业需要为其英语学习课程中的单词学习部分制作图文动画课件,希望通过图片、文字、语音及动画的形式讲述每个单词的读音、含义、用法等知识,帮助小学生学习和理解单词。

(二) 基本要求

动画整体颜色风格要清新靓丽,符合小学生英语学习的特点。建议使用已提供的平面素材,如还需自己绘制,则要保持风格一致。动画内容依照脚本进行制作,注意声画同步。动画最终输出格式为 MP4 视频。

(三) 作品形式

根据客户项目需求,产品大体形式如下:首先,跟随语音对单词进行拼读、图文展示等,以加强学员的理解。然后,对单词引申出的例句、词组进行学习。最后,通过课后习题进行巩固复习。动画封面如下图所示。

二、项目实训

基于上述客户真实的项目需求,归纳项目实施过程中的基本要求、标准规范和实施步骤,挑选其中典型的课程设计对应的实训活动。

(一) 实训要求

1. 制作要求

(1) 总体要求

① 本项目属于数字教育行业,在项目实施中要注重教育行业的特色。

② 由于项目成果面向的受众对象年龄段较低,因此在平面设计、动画制作过程中需要考虑受众对象的喜好和习惯等特点。

③ 本项目对细节要求把控较严,制作完毕后需要仔细审查和修改。

(2) 平面设计要求

① 平面要能比较精准地表达脚本所要求的内容和场景动作。

② 各角色要使用客户提供的人物素材,并且注意其比例、动作、阴影、眼睛和高光位置等细节。

③ 所有的素材和配图动画都不需要边线。

④ 人物高光位置,正面和四分之三面统一左大右小,翻转使用时要注意这点。当人物为侧面时,眼睛高光为外侧大,内侧小。

⑤ 单词板、标题栏等可以根据词汇长短来进行加长和缩短,但是要注意接缝位置不要穿帮,素材右下的阴影不要出现缺失等细节问题。

(3) 动画设计要求

① 跟随音频读单词时,要有丰富的对应动画和音效。

② 动画中角色的动作和表情要流畅顺滑,不能出现穿帮、跳帧、动作生硬等基本动画硬伤。

③ 画面中所有元素出现和消失都要有动画效果,不能使用凭空出现或者清屏的方式。

④ 制作人物动画时,尤其要关注肩膀、手肘、膝盖、脚踝等关节位置,不要出现连接不平滑、穿帮等问题。

(4) 其他要求

① 实训过程中,需要各位同学互相配合完成的任务,同学们可自行结成任务小组并推出组长,各同学通力合作共同完成实训任务。需要各位同学独立完成的,则严格要求自行独立完成,不可进行抄袭、借用等行为。

② 各位学生需在规定课堂时间内完成实训任务,规定时间完不成的则自行在课外完成,并最终在规定时间内提交实训作品。

2. 技术规范

(1) 源文件规范

动画尺寸:1 280×720 像素。

声音设置:MP3 格式,比特率 128 kbps,最佳品质。

源文件图层:动画放在统一图层,动画层最多不超过 2 层。

(2) 平面制作规范

1) 配色规范

① 整体颜色风格明快、活泼,避免使用荧光色等饱和度和亮度过高的颜色,层次划分尽量使用近似色系统,必要时使用低饱和度对比色。

② 避免同界面使用不同色相的颜色。

③ 避免冷暖色共用,如橙色和紫色。

④ 底框与字体搭配时,注意对比度要大一些,以突出文字。

2) 素材使用规范

① 单词模板统一使用"英语单词背景.fla",不加片头、转场特效及片尾总结,不加背景音乐。

② 使用的所有素材(如单词板、角标等)阴影不要缺失,并且都设置为右下阴影,特别是在将素材翻转时,要注意阴影位置的改变。

③ 素材及配图动画一律不要边线,自己绘制的素材,一定要注意和提供素材的风格保持统一。

④ 标题框、文字框、例句框等素材拉长或者拉宽的时候需注意不要变形。

3) 字体及字号规范

① 字体使用锐字云字库准圆体 1.0。特别要注意小写字母"a"与"u"的特殊性,小写字母"a"字体为 EU - YT1,小写字母"u"是通过 n 翻转 180°得到的。

② 字体颜色:♯333333。

③ 页面文字字号最大 60 号,最小 25 号,常规为 30～45 号。

④ g、j、p、q、y 五个英文字母在四线三格当中需要加长(在普通句子中不用加长),但是需注意不要自己手动拉长,可直接复制素材文件"英文字母在四线格中的位置.fla"中的字母即可。

⑤ 对于挖空类型的单词需要手动调整字符间距,填入答案后尽量缩短字母间的间距,使其看起来像一个单词。

⑥ 单选题页面括号的格式规范:如果题目为中文,则前面的括号为中文括号,括号里面间距为 3 个中文字符;如果题目为英文,则前面的括号为英文括号,括号里面间距为 3 个英文字符。

⑦ 单选页面空格的格式规范:横线与题目之间间距为一个英文字符;选项与答案之间间距为一个英文字符;选项与选项之间间距为 3 个英文字符;行间距为 1.5 个英文字符。

4) 动画制作规范

① 在音频讲解单词读音时,元素要有丰富的对应动画和音效。

② 画面中所有元素的出现和消失都要有动画效果，不能凭空出现或者清屏消失。动作补间动画要添加缓动效果，让元素有一个缓冲的效果，人物动作要加预备缓冲。

③ 动画制作注意不要有跳帧、不平滑、穿帮等基本动画问题。

（二）实训案例

1. 案例脚本

<table>
<tr><td colspan="3">"west"动画脚本</td></tr>
<tr><td colspan="3">说明：
　加粗的文字内容为需要绘制的素材或画面（客户会提供部分素材库，缺少的需要自行绘制）。括号文字注明要配图的，配的图片素材风格要与客户提供的素材风格保持一致。画面动画要配合录音展现。</td></tr>
<tr><td>教学内容</td><td>画　面　稿</td><td>录　音　稿</td></tr>
<tr><td>名词 west</td><td>呈现画面：**傍晚，太阳往西边落下。**
　此时，在图片下面出现单词 west 并呈现其汉语意思：西
　跟着老师的声音闪动整个单词及对应的字母。
　在 west 后面加上"名词"两字，然后在名词前面加上"不可数"3 个字。
　呈现例句：They went to the west of the forest.
（配图 2～3 个人走进森林）
呈现固定搭配：
West Lake 西湖
in the west 在西方
呈现练习题：
单项选择
（　　）Xinjiang is _____ of China.
A. in the west　　B. west　　C. in the east
题目呈现后加一个计时器之类的图标，停顿 5 秒，然后出答案 A。</td><td>播放音频：The sun goes down to the west.
west 西
west 中字母 e 发 /e/ 音，west
west 是一个名词，而且是一个不可数名词。
如：They went to the west of the forest.
和 west 相关的常见固定搭配有：West Lake 西湖
in the west 在西方，在西方（国家）
现在到了考一考你们的时间了。
单项选择
由题干可知：新疆在中国的_____。
由常识可知，新疆在中国的西部。"in the west"在西边是固定用法。
故正确答案为 A。</td></tr>
</table>

2. 实施步骤

序号	关键步骤	实　施　要　点	注意事项
1	脚本研读	**1. 浏览制作信息，明确制作要求** 　阅读脚本内容，注意单词讲解、例句、反义词、词性、练习题等信息。制作内容为单词"west"的词汇学习课件。 **2. 浏览画面说明，明确平面素材** 　阅读脚本演示中的界面呈现，结合制作规范，明确各个环节的呈现方式，以及明确需要设计和绘制的部分。	

续　表

序号	关键步骤	实 施 要 点	注意事项
1	脚本研读	**3. 浏览动画说明,明确动画效果** 阅读脚本中动态演示效果的说明,并且结合范例,了解动态效果的呈现方式。	
2	素材获取	根据脚本研读、分析动画实际展现情况,确定哪些素材可以从素材库中调取,哪些素材需要完全自行绘制。本项目中大部分内容可以从素材包中调用,比如背景、四线三格板、各种标签、特定人物等,其余部分的内容需要自己绘制,比如脚本中涉及的夕阳落下的场景等。 本任务中涉及的场景不是很多,主要是各种素材库当中元素的组合运用及动画制作。	
3	平面排版	**1. 背景选用** 根据制作规则,背景选用的单词模板统一使用"英语单词背景.fla"(如下图所示),此后所有内容均在此背景下展现。 **2. 夕阳西下、森林场景的绘制环节** 根据脚本,这两个场景为需要自己绘制的场景,场景比较大的时候,需要用到花边遮罩,类似下图范例所示。另外注意,自己绘制场景时,场景风格需要与原风格保持一致,配色方面也需要注意统一。下图样式仅供参考。 **3. 单词讲解环节** 单词讲解环节的页面布局一般是上方为配图,下方为四线三格板,在四线三格板中呈现需要学习的单词。样式参考下图。	平面排版风格要求一致,简单美观,配色和谐。

序号	关键步骤	实 施 要 点	注意事项
3	平面排版	 　　在此环节需要注意的是,四线三格板要根据单词的长短来调节,调节时注意不要有明显的接缝,同时右下角的阴影不要缺失。 　　此外,在此环节还要做好单词讲解时的动画准备,比如对词组添加高亮闪烁,或增加一些强调的小元素等,这些都需要提前做好平面准备。 　　**4. 例句呈现环节** 　　例句呈现环节,大致的页面布局形式与单词讲解环节相同,即上方为场景图,下方为例句,形式如下图所示。这里同样要注意例句板的右下角阴影不要缺失。 　　此环节同样也需要配上相应的场景,脚本中要求此环节为森林场景,但森林场景需要自己绘制。脚本中要求的2～3个人物素材,可以从素材库中选用已有人物。 　　**5. 固定搭配呈现环节** 　　在固定搭配环节同样使用四线三格的方式对内容进行呈现,左上角呈现角标"固定搭配"(角标上的文字,音频中读什么文字,便呈现什么文字),如下图所示。一个视频里所有的左上角角标要保持位置不动且字体大小不变。 	

序号	关键步骤	实 施 要 点	注意事项
3	平面排版	排版时,如果词组数量允许,则尽量配上相对应的配图,以增加画面的丰富性。如果很难用插图表达出准确含义,则不配图。 　　涉及首字母为大写字母的专有名词,在排版上一定要注意,即在四线三格中的短语,如果有大写字母,则需要将大写字母放大至125%,并且将所有字母都调整为仿粗体(如下图所示)。 **6. 练习题呈现环节** 　　练习题的呈现方式,一律采用让雪宝将题目从右边推出及加入倒计时的形式(如下图所示)。此处注意,雪宝的手必须接触到题目,避免空推的现象。同时,注意图层关系题目要在雪宝的两只手之间。念完题目停顿2秒以后,在画面右下角呈现秒表的动画与音效。注意秒表每一秒的音效和动画在时间上要匹配。 　　注意单选页面空格的格式规范,此处为英文题目,所以括号用英文括号。横线与题目之间间距为一个英文字符;选项与答案之间间距为一个英文字符;选项与选项之间间距为3个英文字符;行间距为1.5个英文字符。	
4	动画制作	**1. 开头要求** 　　在动画开始的时候,直接出内容,不加片头、转场特效和片尾总结,不加背景音乐。 **2. 补间动画制作说明** 　　本项目在动画制作部分,需要添加大量的补间动画,而补间动画大部分集中在对文字等内容的高亮强调、元素的出现、动画的消失等方面。做补间动画的时候要注意,所有元素动作补间都需要添加缓动效果,以便让元素看起来有一个缓冲的效果,从而更流畅生动。比如说,单词板若要向下移动并消失,此时应该先使其有一个向上的缓冲动作,然后再向下移动。	动画效果要丰富,且能跟随着配音做文字的强调动画,避免出现长时间画面无动态的情况。 人物动作要流畅,没有穿帮、跳帧等问题。

序号	关键步骤	实　施　要　点	注意事项
4	动画制作	我们应根据不同的消失和出现方式,为内容选择合适的缓冲动作,比如若要实现中心缩小消失的效果,则要先将实施的对象先放大一些,然后再缩小。对补间动画的添加需制作人员根据实际情况自行选择并制作。 **3. 普通动画制作** 　　配合着配音讲解,需要做丰富的动态效果,比如配音中说到"west 中字母 e 发/e/音"时,需要将字母"e"做动态效果:首先变颜色,随后变形,变形的同时加上高亮的小元素,然后恢复原本大小的同时变回黑色(如下图所示)。 e→e→ve̅s→e 　　随后在配音再次重新读单词"west"时,对每一个字母做丰富的动画效果。 **4. 人物动画制作** 　　此项目涉及人物动画,比如脚本中提到的"2～3 个人走进森林"。人物动画相对来说比较难一些,因为人物动画要符合人的运动规律,且要杜绝关节处的穿帮、卡顿、跳帧等情况的发生。人走路的基本动作是:左右脚交换向前,大腿带动小腿,然后再带动躯体向前运动,同时手臂要配合双腿做相反运动。制作人物走路动画时特别要注意不能有滑步的问题,且要注意人物上肢、下肢摆动的和谐。 　　首先,我们可以先画出人物走路时开始和结束的两个位置,然后再加入中间位置(如下图所示)。 过渡位置 　　同时,制作人物动画还有一些注意要点:呈现人物动作时不要用整体压扁的形式;在人物进出画面的时候不要有眨眼、说话等动作,可以等到人物站定后再开始说话和眨眼动作。	
5	审核修订	动画制作完成后,还需进行仔细地审核,包括检查整体动画是否流畅,页面元素有无缺漏多余、素材使用是否正确,动画有无跳帧及漏帧等各种细节问题。经修改确认无误后,输出对应的MP4 文件,完成交付。	

(三) 实训任务

严格按照实训要求中的标准和规范,参照实训案例中的操作步骤,完成下面的实训任务。

1. 任务内容

参照"west"的脚本内容,使用对应的素材制作单词学习图文动画,最终输出对应的 MP4 课件。

2. 素材清单

在开始实训任务前,请在任课教师的指导下,下载对应素材。

素 材 类 型	包 含 内 容
素材包	平面、音频

3. 成品欣赏

完成实训任务后,请在任课教师的指导下,下载并欣赏此任务对应的项目成品效果。

(四) 实训评价

根据下方评价标准,给自己的实训成果进行打分,每项 10 分,总分 100 分。

序号	评价内容	评 价 标 准	分数
1	平面设计	画面排版布局、素材运用风格是否合理美观,是否符合规范	
2		场景绘制是否符合原有风格	
3		各环节呈现形式是否准确	
4		各字母位置和样式、文本框的特殊形式及细节处理是否妥当	
5	动画设计	整体动画是否出现跳帧等动画基本问题	
6		角色动作是否顺畅,是否出现穿帮现象	
7		各元素的出现、消失动作是否有缓冲	
8		配音是否与动画节奏匹配	
9		是否为各元素的出现、消失、高亮配上了丰富音效	
10	源文件	源文件图层规范是否符合标准	
总体评价			

（五）实训总结

遇到的问题 列举在实训任务中所遇到的问题,最多不超过 3 个
解决的办法 实训过程中针对上述问题,所采取的解决办法
个人心得 项目实训过程中所获得的知识、技能或经验

案例 5

道路旅客运输安全法律法规动画项目

一、项目介绍

(一) 项目描述

本项目是针对某出版社的"道路运输从业人员安全教育培训数字课程"而制作的一款动画。该动拟从法律法规基本框架、驾驶员事故报告内容等方面入手,从而达到对受众者进行道路安全教育的目的。

(二) 基本要求

要求按照脚本内容来制作,注意不同内容的动画风格。对法律法规内容的呈现要准确,并体现严肃性、权威性;对涉及事故分析的内容(如某起交通事故的案例),其画面风格要贴近现实。动画的最终输出形式为时长在1~3分钟的MP4视频。

(三) 作品形式

根据脚本描述,对脚本中的法律法规基本框架、驾驶员事故报告两个部分内容可以采用不同的动画形式来呈现。法律法规的内容,采用图文动画的形式呈现,以体现出简洁、清晰、严肃的特点。事故报告的内容,采用情景动画的形式呈现,以达到身临其境、心有所感的效果。事故报告动画效果如下图所示。

二、项目实训

基于上述客户真实的项目需求,归纳实施过程中的基本要求、标准规范和实施步骤,挑选其中典型的课程设计对应的实训活动。

(一) 实训要求

1. 制作要求

(1) 总体要求

① 本项目属于数字教育行业,在项目实施中需注重教育行业特色。

② 由于本项目成果面向的受众对象为道路旅客运输驾驶员,因此在平面设计、动画制作过程中,对于情景内容(如某起交通事故的案例)部分的设计,需要注意贴合驾驶员的实际工作情形和认知。

(2) 平面设计要求

① 能够精准地表达脚本所要求的人物、场景特点,同时在脚本未明确规定的地方能有效发挥创意。

② 情景动画中的人物形象要符合其身份,多个人物形象不能雷同,要有差异化。

③ 情景动画部分的场景及元素搭配要贴近实际,透视比例要合理。

④ 图文动画部分的背景及元素搭配要简明,利于展现具体的图文内容,且适当呈现与法律法规相关的美化元素。

(3) 动画设计要求

① 情景动画部分,人物的动作、表情要能准确表达脚本中所描述的角色行为,同时发挥个人创意,使动画更加细腻。

② 图文动画部分要流畅且节奏适中,偏 MG 风格。

③ 转场动画要流畅自然、节奏合理。

(4) 其他要求

① 通过网络搜集各平面、音效、动画等素材时,应尽量选择版权免费的,如遇版权不明的,需及时记录下来。

② 实训过程中,需要各位同学互相配合完成的任务,同学们可自行结成任务小组并推出组长,各同学通力合作共同完成实训任务。需要各位同学独立完成的,则严格要求自行独立完成,不可进行抄袭、借用等行为。

③ 各位学生需在规定课堂时间内完成实训任务,规定时间完不成的则自行课外完成,并最终在规定时间内提交实训作品。

2. 技术规范

（1）源文件规范

动画尺寸(制作)：1 920×1 080 像素。

帧频：24 fps。

动画时长：一般在 1～3 分钟以内,最长不超过 1 分钟。

声音设置：MP3 格式,比特率 128 kbps,最佳品质。

成品设置：MP4 格式,并且采用移动设备可以支持的 H.246 编码。

（2）平面制作规范

1）场景设计

情景动画部分的场景设计,需要符合真实情境,各物体之间的尺寸、比例均要保持协调。构图美观,透视效果准确。无需描线。

2）人物设计

① 情景动画部分中的人物形象要符合其身份、年龄和职业,特别是警察、医生等人物,其服装设计要符合现实。

② 人物设计风格可参考下方图片,人物需要有边线、有结构阴影,边线粗细保持一致。

3）素材设计

① 图文动画部分的背景、元素、图文内容,一律无需边线,采用扁平化风格,要注意风格保持统一。

② 动画中所出现的文字(字幕文字、片头文字、画面中的关键字),字体均使用微软雅黑。字幕字体大小为 45 磅,字体颜色为白色,黑色发光勾边,模糊 X 为 8 像素,模糊 Y 为 8 像素,强度 1 000%。片头字体大小为 100 磅,字体颜色为白色,无轮廓线。

③ 脚本当中涉及的法律、条例、部门出的办法及规定等都有严格的样式规范,需提前搜索相关样式,并严格按照样式制作绘制。

④ 注意国徽的使用规范,绝对不能用错,并且同一个作品中的国徽样式要保持一致。

⑤ 画面中用来呈现关键字的底框需要设计美化(下方图片仅供参考)。

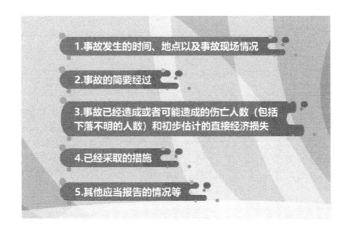

（3）动画制作规范

1）片头制作

片头为黑底白字，并且配着配音文字要依次呈现，并做简单的弹跳动画。

2）背景音乐制作

① 需为动画添加合适的背景音乐，可自行寻找合适的音乐素材。

② 背景音乐的音量，不能高于配音的音量。

③ 需在合适的地方添加音效，比如一些元素的出现等。

3）转场动画制作

① 流畅且过渡自然。

② 无跳帧、漏帧、白屏等现象。

4）人物动画制作

① 人物的肩部、肘部、膝盖等关节处要避免出现漏帧、穿帮等现象。

② 人物的肢体动作要自然。

5）图文动画制作

① 各元素、图文内容的出现和消失，要富有动态效果、节奏流畅。

② 不能使用凭空出现或者清屏的方式。

(二) 实训案例

1. 案例脚本

事故报告内容		
界　面　呈　现	媒　体　效　果	解　说　词
	添加统一片头 添加课程标题页面，显示标题：事故报告内容	事故报告内容

事故报告内容		
界 面 呈 现	媒 体 效 果	解 说 词
画面一  (背景参考)	一辆驶来的中型客车(黄色车牌)因避让一只羊(紧急刹车的声音)而冲出道路,拐进了路边浅沟并撞上沟里的树,车不要翻可以歪。司机下车,(镜头拉近)拿起电话,周围出现几个问号?(旁白开始) (画面定格)司机在画面左侧,右侧出现文字框并显示:在道路运输过程中发生事故,驾驶人员应该向谁报告?报告哪些内容呢?	在道路旅客运输过程中发生事故,驾驶人员应当立即报告事故,那应该向谁报告?报告哪些内容呢?
画面二   (两车相撞现场画面参考)	一辆大货车正常行驶,后面大客车追尾(相撞的声音),发生车祸,大客车前部被撞坏,客车司机下车,拿起手机拨打电话。画面一分为二,另一侧客运主管办公室内企业负责人接起电话。 ① 画面二中车祸现场,画面左上角出现文字框并显示:1.事故发生单位概况; (镜头拉近)客车司机打电话。 ② 画面左上角出现文字框并显示:2.事故发生的时间、地点以及事故现场情况; 画面中司机在打电话,看了下手表,继续说。 ③ 画面左上角出现文字框并显示:3.事故的简要经过; (全景)客车内人员匆匆下车画面中司机继续打电话(走来走去)。 ④ 画面左上角出现文字框并显示:4.事故已经造成或者可能造成的伤亡人数(包括下落不明的人数)和初步估计的直接经济损失; 画面中救护车停在旁边,2名头部受伤的人被搀扶,1名老人被医生用担架抬着。	道路旅客运输驾驶员在行车过程中发生事故,应当立即向企业负责人报告。 报告的内容包括:① 事故发生单位概况; 司机:李总,您好,我是咱们公司第三车队的客车司机小刘,正在往某市方向去,车牌号为××××××,车内共有乘客30人。 ② 事故发生的时间、地点以及事故现场情况; 司机:下午2:30,在G20高速李家村向赵家村行驶路段,与大货车追尾,目前车内人员全部撤离。 ③ 事故的简要经过; 司机:我的车正常行驶着,前面大货车不知什么原因突然紧急刹车,我虽然快速踩死刹车,但还是追尾了货车。 ④ 事故已经造成或者可能造成的伤亡人数(包括下落不明的人数)和初步估计的直接经济损失; 司机:客车内3名乘客头部及手臂受伤,其中1名老人受伤比较严重。大货车内没人受伤,大客车的车头损坏严重。

事故报告内容		
界 面 呈 现	媒 体 效 果	解 说 词
	(镜头拉近)司机打电话。 ⑤ 画面左上角出现文字框并显示:5.已经采取的措施; 画面中事故现场被封锁,交警正在检查。 司机继续打电话。 ⑥ 画面左上角文字框:6.其他应当报告的情况等。 司机打电话,(镜头平移)其余乘客都拿着自己的物品,在焦急等待。 画面背景淡色,画面中间出现(1)—(6)内容。	⑤ 已经采取的措施; 司机:我及时拨打了 110 和120,交警及 120 急救人员已经到达现场,伤者将马上被送往医院。 ⑥ 其他应当报告的情况等。 司机:现在其余乘客需要及时转移,请调其他车辆来支援,将其他乘客安全送达目的地。 以上报告内容,道路旅客运输驾驶员需熟记心中,当发生事故时,以便准确无误地汇报情况。
画面三 (安全生产监督管理局画面参考)	画面中的大客车前部及尾部有冒烟情况,乘客全被疏散到路边安全地带。司机焦急地打电话,画面一分为二,一侧出现安全生产监督管理部门及工作人员正在办公室接电话的画面。	当情况紧急时,驾驶员也可以直接向事故发生地县级以上人民政府安全生产监督管理部门和负有安全生产监督管理职责的有关部门进行报告。

2. 实施步骤

序号	关键步骤	实 施 要 点	注意事项
1	脚本研读	**1.了解基本制作信息** 主要包括:动画主题、呈现风格、动画时长等信息。根据脚本可以发现,动画主题是围绕"道路交通事故"的。对于脚本中展现交通事故现场的情景动画,画面要贴近现实;对于展现法律法规类内容的图文动画,画面内容应严谨呈现。根据配音稿字数,初步判断动画时长为 2 分钟左右。	

序号	关键步骤	实　施　要　点	注意事项
1	脚本研读	**2. 梳理所需素材** 　　根据脚本,梳理需要制作或搜集的素材。初步梳理制作动画所需要的素材主要有: 　　① 情景动画中的人物:中型客车司机、大客车司机、客运主管办公室内企业负责人、乘客(2 名头部受伤的乘客、1 名躺在担架上的老年乘客、未受伤的其他乘客)、120 急救人员、交警、安全生产监督管理部门的工作人员; 　　② 情景动画中的场景:公路上(羊、车相撞的现场)、公路旁的浅沟树丛、公路上(大货车、大客车)两车追尾事故现场、客运主管办公室、安全生产监督管理部门; 　　③ 情景动画中的其他素材:中型客车、羊、大货车、大客车、手机(大客车司机的)、手表(大客车司机戴着的)、救护车、行李(乘客的)、车辆碰撞的动画效果; 　　④ 图文动画中的背景:设计 1 种; 　　⑤ 图文动画中文字内容的底框:设计 1 种; 　　⑥ 背景音乐素材:需 1 个适合动画内容的背景音乐; 　　⑦ 音效:刹车声、车辆碰撞声。	
2	素材获取	根据脚本研读的结果,结合实际情况,分析并确定:哪些素材可以从以往项目中调用修改,哪些元素需通过相关网络进行搜集,哪些素材需要完全自行绘制。比如,图文动画部分的背景可从以往项目中选取合适的,进行调用修改;手机、行李、树等素材,可以直接在网站上搜集到;公路上的场景,则需要自行绘制。	
3	角色设计	角色设计时,可以先设计那些能够调用修改的角色。若以往项目有相同的角色形象,则基本人设保持不变,增加姿势形象即可。本项目中各角色的姿势主要为 3/4 侧立、侧立(如下图所示)。 　　若以往项目没有相同的角色形象,可上网查找或搜集类似的形象,并在此基础上修改人物的脸型、发型、五官、服装等,从而设计成想要的人物形象。	人物形象风格要统一。 　　在特定情境中,人物有特殊动作时,需将特定动作画出,以方便接下来的动画制作。如:司机打电话时,低头看手表的动作。

序号	关键步骤	实　施　要　点	注意事项
3	角色设计	本项目中,需根据人物的职业、身份,匹配合适的服饰,尤其是客车司机、交警、120 急救人员,要身着对应的制服。 　　角色设计完后,需要给每个人物拆分好关节元件,如头部、颈部、身体、左右上臂、下臂、手、腿、脚等,以方便动画设计师设计相关的肢体动作。拆分关节元件时要将元件中心位置定好,并将可以活动的关节中心定位,以便使动画制作更加便捷。	
4	场景/背景设计	依据脚本内容,需要为情景动画部分设计场景、为图文动画部分设计背景。 **1. 场景设计** 绘制场景前,需要先明确画面视角及所需元素。 (1) 公路上(羊、车相撞的现场) 　　公路场景一般为侧面视角。但由于本动画中涉及公路的场景前后共有两个,为增加动画的生动性,同时也为便于呈现司机为避让羊而突然转动方向盘,使车辆偏向浅沟树丛的过程,故此处将公路场景的视角,设计为客车司机的视角。 　　该场景中需包含的元素有:坐在驾驶员位置所见的后视镜、遮光帘、操作台等、公路路面、公路上的其他车辆、公路两边的绿化带(有树木)、远处景物简单剪影等。下图仅供参考: (2) 公路旁的浅沟树丛 　　该场景采用侧面视角。画面元素主要有树木、草地、灌木等,以便于呈现中型客车撞到树上的过程。下图仅供参考: 	本动画场景以公路为主,场景设计要符合现实情境。 　　各场景所需搭配的元素,可根据画面实际效果酌情增加。

序号	关键步骤	实 施 要 点	注意事项
4	场景/背景设计	（3）公路上两车追尾的事故现场 该场景采用侧面视角。画面元素有：路面、隔离栏、绿化带、远处景物简单剪影等。为了画面呈现需要，分别设计远景、全景两种。远景便于呈现两车追尾的全貌；全景便于呈现下车的司机和乘客。下图仅供参考： （4）客运主管办公室 该场景采用办公桌前，面向主管的视角。画面元素有：办公桌、椅子、电脑、文件、绿植、窗户、窗帘等，以便于呈现接听电话的主管。 （5）安全生产监督管理部门 该场景采用正面平视视角。为了画面呈现需要，分别设计外景、内景两种。外景便于呈现部门名称，内景便于呈现接听电话的工作人员。下图仅供参考： **2. 背景设计** 如前所述，若以往项目中有适合的背景素材，可调取修改后使用；若以往项目中没有适合的，则需自己进行设计。一般要以便于呈现图文内容而进行设计。	
5	动画制作	**1. 片头动画制作** 本项目的片头，统一采用黑底白字的形式（字体、字号要求见"技术规范"）。画面呈现时，片头文字要配着配音，依次呈现，并做简单的弹跳动画。	

序号	关键步骤	实 施 要 点	注意事项
5	动画制作	**2. 情景动画制作** 本项目的情景动画制作部分,主要是通过场景变化、人物的表情、动作变化,来展示道路旅客运输驾驶员遇到交通事故时的报告要求、报告内容。一般按照"场景"—"动作"—"表情"——由宏观到微观的顺序来制作。此处以下面方框中的脚本内容为例,描述动画制作的思路。其他情景类似。 画面左上角文字框:4.事故已经造成或者可能造成的伤亡人数(包括下落不明的人数)和初步估计的直接经济损失; 画面中,救护车停在旁边,2名头部受伤的人被挽扶,1名老人被医生用担架抬着。 (镜头拉近)司机打电话 (4)事故已经造成或者可能造成的伤亡人数(包括下落不明的人数)和初步估计的直接经济损失; 司机:客车内3名乘客头部及手臂受伤,其中1名老人受伤比较严重。大货车内没人受伤,大客车的车头损坏严重。 根据脚本描述可知这段情景动画需要呈现的场景是"公路上的两车追尾事故现场(全景)"。为避免画面单调,在该场景上要依次呈现4种不同远近位置的镜头。 镜头一用于呈现:救护车到达现场、脚本要求的关键字(先在画面中间),可参见下图。 镜头二用于呈现:头部包扎绷带的2名乘客与2名医务人员、脚本要求的关键字(移动到画面左上角),可参见下图。 	依据脚本内容及平面内容,运用转场效果及镜头的切换来制作动画,人物动作要流畅,没有穿帮、跳帧等问题。 在人物说话时,可适当地增加人物肢体动作,以丰富动画。

51

序号	关键步骤	实　施　要　点	注意事项
5	动画制作	镜头三用于呈现:被医生用担架抬入救护车的老人、脚本要求的关键字(在画面左上角),可参见下图。 镜头四用于呈现:司机正在打电话汇报事故内容、脚本要求的关键字(在画面左上角),可参见下图。 然后,为4个镜头制作对应的动画,分别是: ① 救护车开到现场,救护车的车轮要有转动的效果;救护车停下来时,车轮停止转动。 ② 1名头部包扎绷带的乘客(表情愁眉苦脸)在和1名医务人员说话;另外1名头部包扎绷带的乘客和另外1名医务人员在关注现场的其他情况。 ③ 2名医务人员抬着担架进入救护车,担架上躺着1名闭着眼睛的老人。 ④ 司机在路边拿着手机说话,并配合手部动作。 在制作情景动画时,需要注意镜头、动画与配音的准确搭配,以便使动画情景更加生动。 **3. 图文动画制作** 脚本中需要以纯图文动画呈现的内容,可通过美化排版,对文字内容进行动态呈现。 **4. 转场动画制作** 为使动画的整体感突出、节奏感更强,需要制作合适的转场动画。 从动画内容看,本动画的开头部分是通过车撞羊的事故引出主题;主体部分是借两车追尾事故,展现事故报告内容的要点;结尾部分是对主体部分进行总结和补充。	

序号	关键步骤	实 施 要 点	注意事项
5	动画制作	动画开头、主体、结尾这三部分内容之间段落分明,建议使用技巧性转场,如色块运动的转场方式。 　　在开头、主体、结尾的各自内容中,属于同一场景的画面之间,可通过镜头移动进行转场;不属于同一场景的画面,由于动画内容本身是带有连续性,因此可使用白场过渡或直接硬切的转场方式。 **5. 字幕制作** 　　字幕制作前,需要先明确字幕制作的范围。本项目除片头外,其他配音内容均需制作字幕。制作时,对于字幕的字体、字号、颜色等,均有明确的要求,可详见"技术规范"。	
6	审核修订	动画制作完成后,还需进行仔细地审核,包括检查画面元素有无缺漏多余、动画有无跳帧及漏帧等。经修改确认无误后,才能交付。	

(三) 实训任务

严格按照实训要求中的标准和规范,参照实训案例中的操作步骤,完成下面的实训任务。

1. 任务内容

参照《道路旅客运输驾驶员安全法律法规》的脚本内容,使用对应的素材制作图文动画(偏 MG 风格),最终输出对应的 MP4 动画。

2. 素材清单

在开始实训任务前,请在任课教师的指导下,下载对应素材。

素 材 类 型	包 含 内 容
素材包	脚本、配音稿

3. 成品欣赏

完成实训任务后,请在任课教师的指导下,下载并扫描下方二维码,欣赏此任务对应的项目成品效果。

(四) 实训评价

根据下方评价标准,给自己的实训成果进行打分,每项 10 分,总分 100 分。

序号	评价内容	评 价 标 准	分数
1	平面设计	素材收集、元素设计是否符合要求	
2		背景设计是否美观合理	
3		画面排版布局是否美观合理	
4	动画设计	整体动画节奏是否具有 MG 动画的动感风格	
5		各元素的呈现是否流畅自然,是否存在错位现象	
6		法律法规的样式是否符合要求	
7		配音与画面是否同步	
8	字幕制作	字幕长度是否合适	
9		字幕是否有错误	
10		字幕与配音是否匹配	
	总体评价		

(五)实训总结

遇到的问题 列举在实训任务中所遇到的问题,最多不超过 3 个
解决的办法 实训过程中针对上述问题,所采取的解决办法
个人心得 项目实训过程中所获得的知识、技能或经验

案例 6

销售顾问岗位职责培训情景动画项目

一、项目介绍

（一）项目描述

某品牌手机为提高销售顾问的职业使命感知，打造"时尚、活力、专业"的团队风貌，希望制作一门针对销售顾问岗位培训的情景动画课程，以帮助销售顾问快速了解岗位定义、使命、职责和禁止行为等内容。

（二）基本要求

动画内容要参照脚本制作，在版面和效果上充分体现设计创意。动画整体风格偏向于商务风格，但考虑到使用者主要为年轻的一线员工，因此可适当加入活泼、时尚的风格元素。动画最终的输出格式为时长在3～5分钟的MP4视频。

（三）作品形式

动画整体采用新老员工交谈对话的形式展开，其中新员工为提问者，老员工为回答者。整个动画通过对话的形式讲述销售顾问的岗位职责，通过图、文、动画的演示将岗位职责的知识要点表达清楚。动画封面如下图所示。

二、项目实训

基于上述客户真实的项目需求,归纳项目实施过程中的基本要求、标准规范和实施步骤,挑选其中典型的课程设计对应的实训活动。

(一) 实训要求

1. 制作要求

(1)总体要求

① 本项目属于零售行业的培训类课程,在项目实施中需要注意行业特色。

② 由于本项目成果主要面向年轻的一线员工,因此在平面设计和动画制作中需要考虑年轻人的喜好和习惯特点。

③ 根据已有的脚本和配音,完成情景动画的制作。

(2)平面设计要求

① 根据脚本要求绘制平面场景,场景要尽量贴近现实情景,合理布局。

② 主要人物角色要符合企业的职业形象要求,端庄大方;其他人物设计可自由发挥,但画风要和主角保持一致。

③ 平面中的人物、图文、场景等各要素排版要美观,在风格上始终保持一致,并能够清晰、突出地呈现重点教学内容。

(3)动画设计要求

① 动画要符合培训课程的要求,内容清楚无误、无遗漏。

② 按照配音调整动画节奏,并配以合适的音效和背景音乐。

③ 人物动作要生动,可略微夸张以增强表现效果,与知识点的讲解做到较好地匹配。

(4)其他要求

① 各平面、音频、动画等素材片段如来自网络搜集,应尽量选择版权免费的,如遇版权不明的,则需及时记录下来。

② 实训过程中,需要各位同学互相配合完成的任务,同学们可自行结成任务小组并推出组长,各同学通力合作共同完成实训任务。需要各位同学独立完成的,则严格要求自行独立完成,不可进行抄袭、借用等行为。

③ 各位学生需在规定课堂时间内完成实训任务,规定时间完不成的则自行在课外完成,并最终在规定时间内提交实训作品。

2. 技术规范

(1)源文件规范

动画尺寸(制作):1 920×1 080 像素,帧率 25 fps。

动画时长:一般在 3~5 分钟以内,不超过 8 分钟。

声音设置：MP3 格式，比特率 128 kbps，最佳品质。

动画尺寸(导出)：1 920×1 080 像素。

(2) 平面制作规范

1) 场景制作

① 以手机销售门店为主要场景，要尽量符合现实的门店工作环境，包含售货柜台、桌椅、背景墙上的广告牌等(具体细节需根据脚本内容设计)。

② 场景的配色需与画面内容协调，尺寸、比例不可失调，构图美观，透视和阴影效果要准确。

③ 配色需与画面内容协调，但要有一定的差异性。

2) 角色制作

① 主要人物角色为新员工及老员工。新员工设定为年轻女性，开朗活泼，短发扎半丸子头，穿工装。老员工设定为男性，较成熟，穿工装。

② 其他人物形象如顾客、店长、店员等，要依据脚本要求进行设计，但要注意保持人物风格的统一，以及需要有足够的辨识度，避免套用重复的身形、脸型。

③ 人物要有结构阴影和地面投影。

3) 图文样式

① 标题、关键字字体：方正尚酷简体，字号：90～150 磅。

② 注释性文字字体：时尚中黑简体，字号：50～70 磅。

③ 在需呈现的图片素材中，如规定的手机界面等，要根据脚本准确搜集，并进行抠图、美化。

④ 对于重点强调的图文，可为其匹配合适的装饰或图标元素，或使用突出效果显示，但效果不要过于复杂，以免分散学习者的注意力。

4) 底框制作

对于呈现在画面中的关键文字和关键图片使用底框以突出显示，底框颜色一般为白色。如果有特殊情况可根据场景进行替换，但要保持和谐、统一。

5) 排版布局制作

① 画面要构图美观，重心明确，符合平面构图原理。

② 画面中不能出现明显的平面抠图后的残留色块，人物边缘缺失，背景存在色差，过渡不均匀，模糊不清，漏边等情况。

(3) 动画制作规范

1) 片头制作

① 片头要简洁明了，呈现课程名称与配图即可，配图要体现商务风格。

② 标题字体：方正尚酷简体，字号与字距可根据字数适当调整。

2) 字幕制作

① 字幕文字统一设计，字体为微软雅黑，颜色为白色，有黑色轮廓描边，位置要固定。

② 字幕按照脚本文字制作,若出现需断句的情况,可按语法断句。

3)背景音乐、音效制作

① 根据脚本及画面内容选择合适的音效,如一些元素的出现、转场等。音效的音量要低于配音音量。

② 根据动画整体的风格选取贴近主题的背景音乐,音量要低于配音音量。

4)转场动画制作要求

① 根据脚本内容在不同场景转换中加入转场动画。

② 场景转换要流畅,过渡自然,切勿生硬,避免出现穿帮、跳帧等问题。

5)人物动画制作

① 人物表情需严格按照脚本设计,表情准确、到位。在时间较长的讲解过程中,动作不能过于单调,如抬手、放手动作的不断重复。

② 人物说话时要配有合适的眨眼动作、嘴部动作、手部动作,且口型要与配音同步,画面静止时不得存在闭眼或者半闭眼状态。

③ 重点注意人物的肩部、肘部、膝盖等关节处,避免出现漏帧、穿帮等问题。

6)镜头运动制作

① 镜头需要运用推拉摇移手法,可按照脚本要求具体对应添加。

② 镜头移动时,人物、道具、场景的过渡要自然,符合逻辑,避免出现移动错位。

(二)实训案例

1.案例脚本

编号	媒 体 效 果	解 说 词
1	片头出现片名及公司 logo	
2	【1】随着小张与小周对话场景出现的同时,画面上方跳出关键字"岗位职责"。 【2】小周一手托着下巴满脸疑惑地问。 【3】随着小张的话语声,画面中间冒出气泡(气泡占满屏幕,两人在气泡两边),气泡中出现关键字"产品销售和品牌形象展示的综合利益最大化""愉悦的购机体验和服务"。	小张:【1】作为手机销售顾问的一员,一定要明确自己的岗位职责。 小周:【2】岗位职责?难道不是展示产品、服务好顾客就好了么? 小张:【3】这只是一方面,我们销售顾问要为实现手机产品销售和品牌形象展示的综合利益最大化,为消费者带来愉悦的购机体验和服务而努力。来,和你说一说销售顾问的岗位职责。
3	【1】气泡中出现关键字"产品销售"。 【2】气泡中出现手机、耳机以及合约资料。 【3】气泡中出现小周为顾客推荐产品的画面(顾	小张:【1】第一是产品销售,【2】我们不仅销售手机,还包括手机配件、运营商合约或者分期业务,【3】在掌握产品特

编号	媒 体 效 果	解 说 词
3	客形象可使用风格相符的卡通人物),然后小周抬起手,左右手上各出现一部手机。 　【4】画面回到两人交谈的场景,画面中小张身旁边陆续出现关键字"产品知识、竞品知识""狼性精神、争抢意识""内占第一,超越竞品""第一拦截,第一接触""洞察需求,适时转推""重视顾客,灵活售机"等关键字。 　【5】小周一边听一边点点头。 　【6】随着小张的话语声,画面中陆续出现其所提到的内容的二维码及图片。	性后,主动接近顾客,挖掘顾客意向,推荐和演示手机并对比优劣,或者介绍活动,吸引顾客参加。 　【4】除此之外,我们要有扎实的产品知识、竞品知识,知己知彼才能百战不殆,还要有狼性精神、争抢意识。 　小周:【5】那我可要多学习了! 　小张:【6】对,长期的自我充电才是王道,我们内部有大本营公众号,外部有各种手机数码资讯网站及公众号,你都可以看看。
4	【1】画面中再次出现气泡,气泡中的关键字变为"门店运营"。 　【2】随着小张的话语声,气泡中陆续出现以下动画场景: 　① 小周一手拿纸,一手指着面前的一堆箱子。 　② 小周分发传单,其身后横幅显示"促销:xxxx"(背景可参考真实促销活动场景,如搭建拱门、发放单页)。 　③ 小周举起手机,手机界面放大并显示"我想反馈乱价窜货行为"。 　④ 小周拿着扫把扫地。 　【3】小周与店长、多个店员握手(可重复用已有人物),【4】小周托起手,手上的硬币从几个变为一堆,店长对小周竖起大拇指。	小张:【1】第二是门店运营,【2】我们需要做的有:① 定期盘点产品及赠品库存、② 执行促销活动,积极为门店引流、③ 主动反馈市场乱价及窜货行为、④ 打扫门店卫生并定期更换过期物料和低感知物料等,【3】最重要的是维护好与门店店长、主任及店员的关系,也就是客情维护,【4】通过一切方法提高销售的毛利,从而获得店长的认可。
5	【1】随着小张的话语声,画面里气泡中的关键字变为"品牌形象维护"。 　【2】气泡中出现关键字"礼仪形象规范"。 　【3】小周夸张地举起手并晃动手臂。 　【4】小周身旁冒出一个气泡,气泡中出现有头像和昵称的微信聊天界面截图。 　【5】随着小张说话声音的继续,画面中出现"隔壁送什么,我们送什么"的横幅,及小周左跳右跳将横幅取下,然后将柜面上的杯子放到柜台下,又着腰站在柜台前,柜台台面闪闪发光的场景。 　【6】在小张的话语声中,画面中出现演示机界面,【7】随后出现用布擦拭手机表面,擦完之后手机闪闪发光的画面。 　【8】将手机界面中电量部分放大,并显示电量充满的状态。	小张:【1】第三是品牌形象维护,【2】我们得按照要求规范自己的礼仪形象。 　小周:【3】我知道!我知道!之前学过着装、发型和妆容相关知识。【4】我还知道要使用工作头像和统一昵称。 　小张:【5】最重要的是终端的物料、演示机要规范,例如定期更换过期物料和低感知物料,禁止专区、柜内出现不相干物料,以营造良好的销售环境及品牌形象。【6】演示机保证可演示首页APP、设置开启、面部识别等,【7】同时用清洁布定期擦拭手机,保持手机清洁无指纹,【8】定期检查手机界面,保证机身电量及图标合规。

续　表

编号	媒　体　效　果	解　说　词
6	【1】在小张的介绍声中,气泡中关键字变为"顾客服务"。 【2】画面中出现顾客坐在柜台前,小周给顾客端茶的场景。 【3】小周与顾客两人都坐着,小周给客户看手机界面,小周身旁出现对话框并显示关键字"帅哥,我帮您注册个会员吧,这样就能享受一对一专属vip服务。以后遇到问题可以直接通过微信联系我,我会第一时间帮您解决。您还可以通过我们的会员系统进行售后,随时随地查询配件价格。"然后放大手机界面,演示点击顺序(顺序参考左边示意图,过程:登录顾客微信—扫描二维码—关注服务号—填写顾客资料—提交资料)(手机屏幕使用全面屏)。 【4】小周托着下巴若有所思地点点头。	小张:【1】第四是顾客服务,【2】做好售前、售中、售后服务,其中最重要的是使用V雪球维护顾客。【3】将顾客添加进V雪球,并演示给顾客如何点击"我的专属销售顾问"咨询疑问。与到店消费者、老顾客线上线下互动,解决消费者售前售后服务需求,提高顾客满意度,提升品牌认可度。等下一次新品上市后,顾客想换手机了,第一个想到的自然还是你。 小周:【4】原来我还需要继续努力。
7	【1】回到对话场景中,随着小张说话声,画面气泡中出现关键字"销售顾问九禁"。 【2】将小张的解说作为画外音。动画依次出现以下的画面,并在每种画面出现时打上禁止标志: ① 画面中出现小周拿着手机(放大手机界面)。 ② 小周没有穿工装,穿着自己的衣服(背景为门店内)。 ③ 小张在柜台内站着玩手机,手机周围飘出一些音乐符号。 ④ 小周拿着手机,手机中飞出一张写着"机密"2字的文件,图片文字用曲线表示,底纹用机密底纹。 ⑤ 小周从柜台下拿出一个钱袋,露出嘚瑟的表情。 ⑥ 小周靠坐在椅子上,拿着手机用昵称发布微商信息"xx微商老板喜提豪车"(配图但不要用真实图片,界面做得假一些)。 ⑦ 画面中小周因迟到而气喘吁吁地跑,此时墙上时钟显示9点。 ⑧ 穿着工装的销售顾问(可重复用男性形象)一个人喝酒,脸通红,眼睛转圈圈。 ⑨ 小周抱着手斜眼看着另一个人(穿工装,不显示品牌,头上关键字"竞品销售顾问")。 【3】回到之前场景中,小周做出"加油"的动作。	小张:【1】销售过程中还有一些事情是明令禁止的,我们称之为"销售顾问九禁"。 【2】① 禁止乱价、窜货。 ② 禁止不标准的个人职业形象。 ③ 禁止在柜台内做与销售无关的不雅动作。 ④ 禁止把公司的机密产品话术转发朋友圈或发给与工作不相关的人。 ⑤ 禁止侵占公司财产。 ⑥ 禁止在工作微信朋友圈发布微商及负面信息。 ⑦ 禁止迟到、早退、空岗。 ⑧ 禁止穿着工服抽烟、酗酒、打架。 ⑨ 禁止主动挑事、打架斗殴。 小周:【3】没问题! 这些我一定能做到!
8	结尾统一	

2. 实施步骤

序号	关键步骤	实　施　要　点	注意事项
1	脚本研读	**1. 浏览制作信息,明确制作要求** 阅读脚本信息栏,了解动画主题、动画风格、动画时长等信息。在"销售顾问岗位职责"脚本中,动画的主题为"销售顾问岗位职责",整体风格要偏商务风,可以适当加入活泼、时尚的元素,动画时长约为 4 分钟。 **2. 浏览画面说明,明确动画素材** 阅读脚本演示中的画面说明,分析所需自行绘制的平面素材。在"销售顾问岗位职责"脚本中,可总结出需要绘制的人物有:新员工小周、老员工小张、顾客、店长、店员和其他销售顾问。需要绘制的场景元素有:门店内部,包括带展示机的柜台,带桌椅的顾客接待处,带广告的背景墙,促销时的帐篷拱门、横幅。另外还需要搜寻手机、传单、合同、背景音乐和音效等元素。	
2	素材获取	确定以上动画中的所需素材后,分析各种素材的获取渠道,是可通过搜索获得还是需要自己绘制。如手机界面截图,脚本已经提供,稍作美化加工即可使用;门店场景需要在网上搜索各种元素后进行布局和组合;促销横幅等则需要自行绘制。	
3	角色设计	根据脚本的要求确定人物风格,并添加结构阴影和地面投影。首先,根据主要角色的背景、年龄、性格和身份的描述,设定主角的造型。为了方便快捷,我们可先考虑以往的项目中是否有相似的角色形象可以调用,在此基础上对五官特征及服饰加以修改,最终完成对整个人物细节的刻画。若是没有相似角色则需要自行设计。其次,利用角色风格之间的相似性,对主角的脸型、发型、五官、体型、服装等进行修改,以得到其他角色的人物形象。 分析各角色除正面外所需的姿势形象并进行绘制,如本项目中所需要的 3/4 侧面形态。 为了方便后续肢体动作的制作,我们在平面设计时需要将每个人物的关节元件拆分好,如头部、颈部、身体、左右上臂、下臂、手、腿、脚等,并在拆分关节元件时将元件中心位置固定好。	人物形象风格要统一。 在特定情境中,人物的特殊动作和特殊表情可以先画出来,以方便接下来的动画制作。如:小周疑惑的表情、小周发传单时的动作等。
4	场景设计	本项目的主场景为手机销售门店。根据脚本提供的参考图和在日常生活中对实际场景的了解,搜集和绘制场景所需要的元素,如地面、柜台、展示样机、桌椅、海报、灯箱、展架等。此外,要注意这些物品在平面图上的位置、比例关系、空间距离和色彩风格,使画面协调美观。下图场景仅供参考。	

序号	关键步骤	实 施 要 点	注意事项
4	场景设计	 根据脚本,还需要绘制促销场景、柜台场景、客户接待处场景,不同场景内的道具可根据实际情况酌情添加,比如桌椅、电脑等。	因场景中的元素较多,所以要注意颜色的搭配,在和整体风格保持一致的同时避免产生视觉上的杂乱。
5	动画制作	**1. 片头、片尾、章节页的动画制作** 根据脚本要求,动画片头的主要内容为主题名称文字。因此在设计时应先从动画的风格要求入手,在文字的基础上加入商务风格的元素作为装饰,以凸显本项目职业培训的主题。配色方面可以采用鲜艳、明亮的颜色,增添青春、活泼的气息(如下图所示)。 中间的章节页和片尾风格尽量与片头保持一致,比如使用相同的色调、文字格式等,以加强动画的首尾呼应。 **2. 情景动画制作** 本项目的情景动画主要是通过新老员工在门店内的对话,来讲述销售顾问的具体工作职责和要求。动画可以按照从宏观到微观的顺序,即"场景—人物动作—表情"的顺序进行制作。 场景以门店正中间为中心,随着讲述重点的不同,进行场景的切换,如柜台场景、客户接待处场景等。以客户接待处的场景为例,首先需要根据脚本内容,将人物置身于对应场景中,从而完成这一场景内人物动画的动作,如小周在接待处为顾	如果同一场景下内容较多,为了避免画面呈现的单调,可以运用镜头的推拉摇移,使景别变更。 在同一动作保持的时间较长时,为了避免给人以生硬和呆板的感觉,动作就不能过于单调。比如老员工小张在长时间的讲解中,不能只有抬手、放手动作的不断重复,而是可以加入一些其他的肢体动作,使画面更为生动。

序号	关键步骤	实　施　要　点	注意事项
5	动画制作	客讲解时,递水杯、演示手机操作等。然后需要为这些动作匹配相应的表情,如小周接待顾客时嘴角上扬的微笑和说话时的嘴型等(如下图所示)。 最后加入其他元素,如包含关键词的气泡框等。动画效果全部制作好后,可以加入配音和音效与动画进行适配。 **3. 转场动画制作** 根据脚本内容和实际情况,为各个场景之间的切换设计转场动画,以提高动画整体的流畅度。 在本项目中,最突出的转场部分就是章节页与内容之间的切换,可以结合上下画面的特征制作转场效果。例如,利用章节页中的斜线元素,使画面切换时产生从左右对角进入,从右上角推出的效果。 **4. 字幕制作** 本项目要求呈现字幕。在制作前,应先确定字幕文件的呈现样式:字体为微软雅黑,颜色为白色,有黑色轮廓描边。 制作时,要固定字幕的位置,居中显示。制作完成后要检查是否有错别字。	
6	审核修订	交付前需要仔细地审核,包括检查页面元素有无缺漏多余、文字内容是否有误、动画有无跳帧及漏帧、镜头穿帮等问题。经修改确认无误后,才能交付。	

（三）实训任务

1. 任务内容

参照"销售顾问岗位职责"的脚本内容,使用对应的素材制作情景动画,最终输出对应的 MP4 视频。

2. 素材清单

在开始实训任务前,请在任课教师的指导下,下载对应素材。

素　材　类　型	包　含　内　容
素材包	PPT 课件、平面、配音

3. 成品欣赏

完成实训任务后,请在任课教师的指导下,下载并欣赏此任务对应的项目成品效果。

（四）实训评价

根据下方评价标准,给自己的实训成果进行打分,每项 10 分,总分 100 分。

序号	评价内容	评　价　标　准	分数
1		主角设计是否符合该企业的职业形象要求	
2		场景设计是否符合现实中手机销售门店的特点	
3	平面设计	场景中的人物、道具布局是否符合实际比例和特点	
4		各个人物与场景之间风格是否一致	
5		画面排版布局是否美观合理	
6		角色动作是否协调,无穿帮现象	
7		角色表情、动作是否与配音同步	
8	动画设计	镜头移动、场景转换是否过渡自然无错位	
9		配音是否与关键字气泡、字幕显示同步	
10		音效是否与气泡框或关键元素的出现匹配	
	总体评价		

(五)实训总结

遇到的问题 列举在实训任务中所遇到的问题,最多不超过 3 个
解决的办法 实训过程中针对上述问题,所采取的解决办法
个人心得 项目实训过程中所获得的知识、技能或经验

案例 7

学前儿童数学知识情景动画项目

一、项目介绍

(一) 项目描述

本项目是为帮助某幼教企业而开发的数学类动画课程。该项目希望以可爱的角色、有趣的场景和相关的道具,制作形象生动的情景动画,从而帮助 2～3 岁的学龄前儿童学习简单的数学知识。

(二) 基本要求

因为动画面向的幼儿年龄段较低,所以要求动画的整体风格颜色要明亮,动画形象要可爱活泼,符合学前儿童的喜好。动画的整体节奏要舒缓轻盈,适应学前儿童的思维速度。动画可以使用提供的平面素材和音效文件,如需自己绘制则要保持风格一致。动画最终的输出格式为时长在 1 分钟以内的 MP4 动画视频。

(三) 作品形式

整体上采用情景动画的形式进行呈现,设计上以与知识相关的情景作为故事背景,通过绘制可爱的角色形象及借用与知识相关的道具来可视化展示数学相关知识。动画封面如下图所示。

二、项目实训

基于上述客户真实的项目需求,归纳项目实施过程中的基本要求、标准规范和实施步骤,挑选其中典型的课程设计对应的实训活动。

(一) 实训要求

1. 制作要求

(1) 总体要求

① 由于本项目成果面向的受众对象年龄段较低,因此在平面设计、动画制作过程中需要考虑受众对象的喜好和习惯特点。

② 本项目对情景的平面、动画制作、镜头转换等方面要求比较高,在绘制素材的时候,需要格外注意。

(2) 平面设计要求

① 整体为扁平化的卡通风格。

② 能够将脚本文字内容的表达准确转换为平面画面。

③ 自行绘制的角色形象要灵动可爱,符合托班、小班儿童的审美需求,并且符合脚本当中对其性格的描写。

④ 绘制场景元素时,要符合主题的风格,形象、道具要符合实际大小及比例,要有结构阴影和高光投影等细节,以突出画面空间层次。

⑤ 在不影响知识点呈现的前提下,可加入一些儿童喜欢的道具元素,以增加画面的丰富性。

⑥ 人物和场景之间的配色,要体现差异性,不能过于接近。

⑦ 角色在更换场景时,要注意人物比例关系的变化,前后要保持一致。

(3) 动画设计要求

① 动画中场景之间的跳转要自然、流畅不突兀。

② 动画中人物的动作和表情要流畅顺滑,不能出现穿帮、跳帧、动作生硬等基本动画硬伤。

③ 动画中人物的说话、动作等都要和音频相匹配。

④ 在需重点突出的知识点呈现部分,动画节奏可适当放慢,可采用闪烁或单独强调等方式加以提示。

⑤ 纯静态画面持续时间不得超过 4 秒。

(4) 其他要求

① 实训过程中,需要各位同学互相配合完成的任务,同学们可自行结成任务小组并推出组长,各同学通力合作共同完成实训任务。需要各位同学独立完成的,则严格要求自行独立完成,不可进行抄袭、借用等行为。

② 各位学生需在规定课堂时间内完成实训任务,规定时间完不成的则自行在课外完

成,并最终在规定时间内提交实训作品。

2．技术规范

(1) 源文件规范

动画尺寸：1 280×720 像素。

声音设置：MP3 格式,比特率 128 kbps,最佳品质。

(2) 平面制作规范

1) 角色制作规范

① 角色形象可按照下图的风格进行绘制,但与整体风格要保持一致。角色形象要符合幼儿园托班及小班儿童的审美需求,符合脚本中人物的性格特点。

② 角色形象无边线,有结构阴影和地面投影。

2) 场景制作规范

① 场景绘制的风格要与人物形象保持一致,无边线。

② 场景要符合现实情境,尺寸、比例不可失调。

③ 在不影响整体画面的情况下,场景设计要尽量富有童趣且丰富。

3) 动画制作规范

① 画面中动画要匹配丰富的对应音效。

② 动画制作注意不能有跳帧、不平滑、穿帮等基本动画问题。

(二) 实训案例

1．案例脚本

圆形和方形匹配
场景：马路边
角色：公交车(可参考赛车总动员中赛车的形象并将其设定为男孩)、小熊(阳光热情的男孩)、小松鼠(机灵聪明的女孩) 备注：下面加粗的文字为角色台词

圆形和方形匹配
蓝天白云下,"嘀嘀,嘀——"开过来一辆公交车,车身上方形的窗户没有玻璃,公交车停住了一家玻璃商店门口,说:"**老板,请给我的车窗装上玻璃吧**。" 　小熊走出来,看看公交车(给公交车的方形窗户镜头特写)说:"**好的! 你的车窗是方形的,我给你装一块方形的玻璃**。" 　小熊走进屋里拿出一块方形玻璃装到车窗户上。 　公交车开心地唱着歌,继续前行。(加音效) 　路边的松树上一只小松鼠抱着松果跳来跳去,手里的松果掉落在地上,"嘣"的一下反弹到车灯上,"啪嚓"灯罩碎裂散落在地上,小松鼠不好意思低下头:"**对不起! 我不是故意的**。"然后用手摸摸车灯自言自语地说:"**这是个圆形的灯罩**。" 　小松鼠吧嗒吧嗒地跑了。一会儿,它抱回一个圆形的灯罩给公交车换上。 　"嘀嘀,嘀嘀!"公交车开开心心地开走了。

2. 实施步骤

序号	关键步骤	实施要点	注意事项
1	脚本研读	**1. 浏览制作信息,明确制作要求** 　阅读脚本内容,明确情景动画脚本的主要目的是分辨圆形和方形,并且能够分别将其与对应的形状进行匹配。同时,注意场景的切换和转换。 **2. 浏览画面说明,明确平面素材** 　阅读脚本中的情景说明,结合制作规范,明确需要原创设计和绘制的部分,要注意场景、人物之间保持风格一致。 **3. 浏览动画说明,明确动画效果** 　阅读脚本中动态演示效果的说明,并且结合范例,了解动态效果呈现的方式。	
2	素材获取	根据脚本,研读分析动画的实际展现情况,确定哪些素材可以从素材库中调取,哪些素材需要完全自行绘制。本项目中的片头和片尾是由素材库提供的,而主要的人物,比如小熊、松鼠、公交车等需要自己绘制。此外,场景中的玻璃商店、马路、松树等场景同样需要自己绘制。	
3	角色形象设计	通过研读脚本,我们可以发现在此项目中一共有松鼠、小熊、公交车3个角色,并且3个角色都有自己不同的性格特点,因此对角色形象的设计需要符合托班、小班儿童的审美需求。 　设计角色形象时,或参考以往项目中可借鉴的角色形象,或在网上搜集类似的形象,并在此基础上再进行创作,但要保证角色风格的统一。 　小熊的人设为阳光热情的男孩,小松鼠的人设为机灵聪明的女孩,公交车可参考赛车总动员中赛车的形象(如下图所示)。由于小熊是玻璃店的工作人员,因此在穿着上应该符合这个身份,可以为其穿上维修服等。在设计公交车形象的时候,要联系	

序号	关键步骤	实　施　要　点	注意事项
3	角色形象设计	上下文一同考虑,应该将其设计成有方形车窗玻璃和圆形车灯的公交车。   需注意的是,在绘制人物角色的时候,应该将眼睛、头部、手部、腿部、嘴巴等需要活动的元件拆分开来,为之后的动画制作提供便捷。	
4	场景绘制	根据脚本内容,有几个场景需要自己绘制。 　第一个场景是公路,绘制公路特别要注意的是透视关系。路上的白色线条和公交车的透视关系要准确。 　第二个场景是玻璃商店的场景,因为考虑到是为汽车进行维修的商店,所以在设计商店的时候,可以增加汽修图标、轮胎等道具元素(如下图所示)。  　第三个场景是路边的松树场景,可以在绘制公路场景的时候连带一起制作。 　场景的风格要和人物形象风格相同,同为无边线的扁平化设计风格,配色靓丽和谐。	平面排版要求风格一致,简单美观,配色和谐。

序号	关键步骤	实 施 要 点	注意事项
5	动画制作	**1. 片头、片尾选用** 　片头使用"片头＋转场.fla",标题文字自行修改,标题音效从音频素材中提取。 　片尾使用"数学片尾.fla",片尾可修改,人物及音效可从其余素材中提取。 　此外,注意片头、片尾的节奏要和标题的时间相适应。 **2. 情景动画制作说明** 　情景动画制作,主要通过场景之间的转换变化、角色的动作表情来进行呈现。 　比如说公交车到达商店,要求装上玻璃,之后镜头转换到小熊的中景,小熊动一动脑袋,表示看了下车子,随后镜头转换到车子上缺失的那一块玻璃,并且做高亮的强调(如下图所示)。此处为了突显知识点,动画的节奏可以适当放慢。 　随后小熊拿着方形玻璃走出来,并将玻璃安装到车上的方形车窗上(如下图所示)。此处为了强调方形与方形的匹配,动画节奏可放缓,并且匹配的过程可以拉长一些。 　随后在松鼠砸到车子的车灯时,其表情要有惊讶、抱歉等一系列变化。 　当松鼠跑出去找车灯的时候,可以用快速跑出去的方式,因为此处是非重点呈现的内容。当松鼠抱着圆形的车灯回来时,可以用慢速的节奏,因为手中圆形的车灯是重点呈现的内容,需要加长时间重点展示。	动画效果要丰富,能跟随着配音做文字的强调动画,要避免长时间画面无动态情况的发生。 　人物动作要流畅,不能有穿帮、跳帧等问题。
6	审核修订	动画制作完成后,还需进行仔细地审核,包括检查整体动画是否流畅,页面元素有无缺漏多余,素材使用是否正确,动画有无跳帧、漏帧等各种细节问题。经修改确认无误后,输出对应的MP4 文件,完成交付。	

(三) 实训任务

严格按照实训要求中的标准和规范,参照实训案例中的操作步骤,完成下面的实训任务。

1. 任务内容

参照"圆形和方形匹配"的脚本内容,使用对应的素材制作情景动画,最终输出对应的 MP4 动画。

2. 素材清单

在开始实训任务前,请在任课教师的指导下,下载对应素材。

素 材 类 型	包 含 内 容
素材包	平面、音频

3. 成品欣赏

完成实训任务后,请在任课教师的指导下,下载并欣赏此任务对应的项目成品效果。

(四) 实训评价

根据下方评价标准,给自己的实训成果进行打分,每项 10 分,总分 100 分。

序号	评价内容	评 价 标 准	分数
1		角色设计是否符合项目风格和需求	
2		场景绘制是否与角色相匹配	
3	平面设计	各场景、角色是否符合实际的比例和特点	
4		画面的布局排版是否合理美观	
5		整体设计是否符合此年龄段用户的喜好	
6		整体动画是否出现跳帧等动画基本问题	
7		角色动作是否顺畅或出现穿帮现象	
8	动画设计	重要知识点是否有突出展示	
9		配音是否与人物的动作等相匹配	
10		是否为各元素的出现、消失、高亮配上丰富的音效	
	总体评价		

（五）实训总结

遇到的问题 列举在实训任务中所遇到的问题,最多不超过 3 个
解决的办法 实训过程中针对上述问题,所采取的解决办法
个人心得 项目实训过程中所获得的知识、技能或经验

案例 8

企业信息安全培训情景动画项目

一、项目介绍

(一) 项目描述

某外卖平台计划制作一套信息安全系列的情景动画课程,并希望从信息安全的定义、区域管理安全、账号密码安全、电子邮件安全、信息保密安全、日常行为安全等方面入手,科普信息安全知识,从而提升员工的信息安全意识。

(二) 基本要求

以科普信息安全知识为中心,要求以《疯狂动物城》中的狐狸尼克和兔子朱迪为原型来设计动画角色,以企业信息安全场所为动画场景,并将信息安全知识构思成故事结构,最终制作出具有科技风格的情景动画课程。

(三) 作品形式

动画整体上采用闯关问答的形式,兔子朱迪为考核提问者,狐狸尼克为闯关回答者。通过一问一答的形式,生动地讲述信息安全知识。动画最终的输出格式为MP4动画视频。动画封面如下图所示。

二、项目实训

基于客户企业真实的项目需求,归纳项目实施过程中的基本要求、标准规范和实施步骤,挑选其中典型的课程设计对应的实训活动。

(一) 实训要求

1. 制作要求

(1) 总体要求

① 本项目对场景要求比较高,在平面设计、动画制作过程中需要符合此项目的风格。

② 该动画内容要突出,动画要流畅,设计上要体现科技感,场景要具有立体感。

(2) 平面设计要求

① 平面能准确表达脚本所要求的内容和场景动作。

② 各角色要注意其比例、动作、阴影等细节。

③ 场景设计要符合脚本制作的需求,一般以卡通、活泼的场景居多。尺寸、比例应符合日常生活。同时,场景的设计要具有创造力和想象力。

④ 画面排版布局要合理,具有良好的辨识度和美观性。

(3) 动画设计要求

① 按照脚本要求,添加镜头的推拉摇移,增添画面丰富度。

② 镜头移动时,人物、道具、场景过渡要自然,符合逻辑,避免出现移动错位。

③ 动画中角色的动作和表情要流畅顺滑,不能出现穿帮、跳帧等问题。

(4) 其他要求

① 实训过程中,需要各位同学互相配合完成的任务,同学们可自行结成任务小组并推出组长,各同学通力合作共同完成实训任务。需要各位同学独立完成的,则严格要求自行独立完成,不可进行抄袭、借用等行为。

② 各位学生需在规定课堂时间内完成实训任务,规定时间完不成的则自行在课外完成,并最终在规定时间内提交实训作品。

2. 技术规范

(1) 源文件规范

动画尺寸:1 920×1 080 像素。

声音设置:MP3 格式,比特率 128 kbps,最佳品质。

(2) 平面制作规范

1) 设计风格

卡通、现代风格,角色和场景均不描线,配色要协调,整体要带有科技色彩,偏办公场景。

2）场景制作规范

① 场景的配色、设计需与画面内容协调,可视脚本内容添加相应元素,同时场景不可采用单一配色,需根据文字内容绘制合适的场景。

② 对场景中的元素进行排版时,需对图片、图形、文字、色彩等元素进行合理的布局,以便能够呈现出脚本所表达的意图,并具有良好的辨识度和美观性。

3）文字样式规范

画面字幕需符合动画的风格特点,同时要根据画面需要对部分文字进行设计,如匹配合适的字号、颜色、装饰等。

(二) 实训案例

1. 案例脚本

企业信息安全系列产研人员规范篇(上)
【画面】片头标题:企业信息安全系列产研人员规范篇(上)(建议采用幕布效果)
【画面】学习目标:通过对公司员工进行信息安全知识启蒙及网络安全法律法规普及,培养员工自觉维护个人及企业信息安全的意识。
【场景】公司大楼外 【画面】尼克面对镜头讲述,此时尼克身上有了公司标志,身后是公司外景。 【配音】尼克:大家好,我是尼克。今天是我记录人类城生活的第二天,昨天我成功通过了测试,和朱迪再次成了搭档,今天正式工作了,祝我好运吧!
【场景】公司前台 【画面】朱迪在前台等着尼克,见到尼克,打招呼。尼克回答,两人一起进入公司。 【配音】朱迪:嗨,尼克,精神不错啊,准备好迎接今天的工作了吗? 【配音】尼克:(自信)当然,带路吧,美丽的兔子小姐。
【场景】平台研发中心门口 【画面】两人来到写着产研人员规范考核的自动门附近(所有动画的门统一)。 【配音】朱迪:就是这了,不过不是通过昨天的考核就结束了的,我依旧会对你进行行为考核,一旦违反规定,立刻遣返动物城。 【画面】尼克表情自信,随着配音指了指自己,又指了指朱迪。 【配音】尼克:朱迪,你要记住,不管到了哪里,有件事是不会变的:聪明的狐狸,愚蠢的兔子。 【画面】朱迪耳朵竖了起来,很生气。尼克自信地耸了耸肩。 【配音】朱迪:哦,聪明的尼克先生,这里是平台研发中心。今天的考核是如果你作为产研人员,应该如何保护公司的信息安全。 【配音】尼克:小菜一碟。 【画面】尼克和朱迪走近自动门,门上传来机械音,出现对应的机械音字幕。 【配音】机械音:请问产研人员安全行为规范有哪几个方面? 【画面】朱迪笑。 【配音】朱迪:哈哈!你先能进门再说吧。聪——明——的(故意拖长)尼克先生。

企业信息安全系列产研人员规范篇（上）

【画面】朱迪刚说完，耳边传来机械音，出现对应的机械音字幕。

【配音】机械音：聪明的尼克先生，回答错误。

【画面】尼克向朱迪抱怨。

【配音】尼克：嘿，小兔子，你打扰我回答问题了！

【画面】尼克在和朱迪抱怨时，传来机械音，出现对应的机械音字幕。

【配音】机械音：你打扰我回答问题了，回答错误。

【画面】尼克无奈的表情。

【配音】尼克：……，是技术管理、沟通管理、移动存储介质管理、VPN账号管理和会议制度五个方面。

【画面】传来机械音出字幕，门打开。

【配音】机械音：回答正确。

【配音】尼克：噢！刚才我们差点就被三振出局了！

【配音】朱迪：没办法，我是愚蠢的兔子嘛，难免会犯些低级错误。倒是聪明的狐狸先生也被拉低了智商？

【配音】尼克：原谅我吧，我错了……

【配音】朱迪：哼，知道就好。

【配音】尼克（转身面对镜头，小声）：我错在不该得罪一只小气又记仇的兔子。

【场景】办公区内

【画面】左上角出标题"系统安全"。

【画面】两人走到办公区（也可以是走廊，但不是在办公桌旁），朱迪拿出一张纸给尼克。

【配音】朱迪：给，这是我们公司测试系统和生产系统的公共账号。

【画面】尼克没去接，摆了摆手。

【配音】尼克：得了吧，刚进门就来考验我。

【画面】尼克头上出现公司的规定：测试系统和生产系统请勿创建公共账户，账户要细分到个人。配上更新后登录页面。尼克一脸嫌弃地说。

【配音】尼克：我知道公司在技术管理方面的规定，测试系统和生产系统严禁创建公共账户，须做到账户细分到个人。

【画面】脑海里浮现出请勿使用用户名和建议用户名范例。（一个打钩一个打叉）并出现关键字：测试系统账号请勿使用常见账户名。

【配音】尼克：而且你看看你手里的账户名称：admin，以后可别在测试系统里出现 test、system、root、admin 这类账户名了，你的考验太低端了。

【画面】画面出现密码的标志和公司的弱密码定义（附件），随着配音说如：手机号，放大其相关规定或高亮显示。

【配音】尼克：另外，公司的密码安全规定真是太符合我的品位了。生日、手机号、公司名、工号、纯数字、简单的英文单词、名人名字、历史密码这些的确应该被禁用，弱爆了。

【画面】朱迪笑了笑，收回纸张。

【配音】朱迪：你相关材料看得很认真啊，这都没骗过你。

【画面】尼克得意地看着朱迪。

【配音】尼克：当然，小兔子，我可不打没准备的仗。

【场景】办公室内

【画面】画面左上角出"系统访问控制规定"标题。

【画面】两人来到办公桌旁，朱迪坐下操控电脑。

【配音】朱迪：好了，就是这了。

企业信息安全系列产研人员规范篇(上)

【画面】出现电脑统一登录界面,朱迪头顶出"内网所有系统登录:账号密码登录√、特权账户×、绕过访问控制×"。

【配音】朱迪:我帮你先创建账号,我们公司有系统访问规定,内网所有系统登录必须使用账号密码登录,特权账户或绕过访问控制登录系统的情况不可以出现。

【画面】尼克点了点头。

【配音】尼克:这样的规定还是挺重要的,好像前阵子动物城有家公司的系统存在直接输入后台地址即可进入后台无需账号密码验证的问题,导致机密泄露,亏了很多钱。

【画面】朱迪用耳朵蒙上眼睛。

【配音】朱迪:你自己设置下你那有品位的密码。

【画面】尼克在键盘上敲打几下,登录页面已经更新,电脑屏幕上显示创建成功。

【配音】尼克:好了。

【画面】朱迪睁开眼睛。

【画面】出现标题"系统版本规定"。

【画面】朱迪从座位上站起来,做了请的动作。

【配音】朱迪:好了,现在你可以开始工作了。

【画面】尼克一脸无奈地回答,头上出现系统更新图片,并出现规定:所有系统相关应用版本使用最新稳定版本。

【配音】尼克:Oh,小兔子,看在上帝的份上,别再给我设圈套了,我可知道工作之前是要先检查所有系统相关应用版本是不是最新的,使用废弃、过老、含有无法修复漏洞的版本是有很大风险的。

【配音】朱迪:哈哈,谁让你说我是愚蠢的兔子的。

【画面】左上角出标题"wiki 使用规定"。

【画面】朱迪表情严肃,头上出现 wiki 使用规定:不在 wiki 中发布公司内部资料,并且随着配音出现文档图标,上面标注保密。

【配音】朱迪:不过有件事必须提醒你一下,你以后的工作会经常使用到 wiki,要记住请勿在 wiki 中发布包含 IP 地址、账号密码、key 等敏感信息的公司内部资料。

【画面】尼克点点头。

【配音】尼克:当然,我可从来不干那种事情。

【画面】左上角出标题:版本管理系统使用规定。

【画面】镜头再次回到朱迪,头上出现图标和关键字:1. 请勿将版本管理系统映射到公网;2. 请勿使用弱口令。

【配音】朱迪:另外在使用版本管理系统时,请勿将版本管理系统映射到公网上,否则攻击者通过暴力破解版本管理系统账号密码后,就有可能窃取到项目的源代码了,还有就是不得使用弱密码,不过以你的品位应该没问题。

【画面】尼克淡定地说。

【配音】尼克:放心,我的品位绝对没问题。

【画面】置顶标题:测试系统资产登记规定。

【画面】镜头给朱迪,看着尼克。

【配音】朱迪:那在工作时的规定你也应该知道吧。

【画面】尼克回答,头上出现报备流程示意图(美化并搭配图标)。

【配音】尼克:当然,工作时,部署在公司内网所有测试系统必须在工具组报备,然后由工具组将具体情况反馈给信息平台部。

企业信息安全系列产研人员规范篇(上)
【画面】左上角出标题：生产系统上线规定。 【画面】朱迪满意地笑了笑,反问。 【配音】朱迪：不错,还有呢? 【配音】尼克：上线前删除所有测试账户。 【画面】配图改成一个尼克头像的测试账户和 Delete 键图标。 【画面】尼克继续说。 【配音】尼克：生产系统上线前,必须删除所有测试账户,不可保留测试账户供以后登录。 【画面】镜头给朱迪。 【配音】朱迪：好了,尼克先生,技术管理这部分没问题了,今天过关了。 【画面】尼克一脸错愕,询问朱迪。 【配音】尼克：等一下,你刚刚说这部分? 那还有其他方面的考核? 【画面】镜头给朱迪,理所当然的表情说。 【配音】朱迪：当然,不过今天就到这,下次再说,要好好学习公司的规章制度哦,尼克先生。 【画面】朱迪掏出小本子(小本子美化,产研系列统一,字体改成带有手写感的),在“技术管理”方面的后面打了√,出现通关画面。 【配音】朱迪：再见,尼克先生。祝你工作愉快! 【画面】出现通关画面 一颗星。Lv1　☆ 恭喜! 你的信息安全意识等级已升级。 【画面】画面信息安全部 & 公司学院联合出品

2. 实施步骤

序号	关键步骤	实　施　要　点	注意事项
1	脚本研读	1. **浏览解说词,明确制作内容** 　阅读脚本解说可以发现,动画的内容主要是围绕尼克和朱迪这两个角色展开,通过两人的对话和做法,将信息安全知识呈现出来。 　2. **浏览画面呈现,明确平面素材** 　由于脚本中的场景和元素主要以公司大厅、工位、会议室为主,并涉及两个动画角色,因此在平面绘制中需重点突出两个角色之间的问答及知识点的呈现。 　3. **浏览媒体效果,明确动画效果** 　阅读脚本中的媒体效果说明可知,动画要需符合角色问答的要求,过渡上以平滑、切换的动效为主,按照具体描述的内容,制作相应的动画效果。	
2	素材获取	根据脚本研读的情况,分析素材的制作量和获取方式,科技类、场景类的素材可从主流的设计网站中获取,但需注意版权问题。本项目中大部分素材需从网站获取,个别人设、文字标签需要原创设计。	

序号	关键步骤	实 施 要 点	注意事项
3	平面排版	**1. 人物设计** 绘制时可以参照下方已有人物风格进行绘制,即偏扁平风格。人物有结构阴影和地面投影,无外轮廓。 尼克形象　　　　朱迪形象 **2. 场景排版** 在大厅入口的场景,需显示出公司信息,要注意画面整体结构、比例的协调。 在展示场景中,所设计的信息框要能用立体的效果来展示文字、图片等内容,元素布局简洁有序,美观大方。	平面排版风格要一致,简单美观,配色和谐。
4	动画制作	**1. 片头动画** 动画开头以一串二进制编码作为背景,画面中间出现信息、云、锁等元素,然后出现标题关键字。 **2. 场景动效制作说明** 本项目中场景动效为坠落弹跳效果,画面中出现建筑元素时,需运用该种效果。元素要从画面上方或两侧堆叠进入,并有回弹效果。 **3. 文字呈现效果** 本项目中文字的呈现可采用逐字显示或者淡入的效果,涉及的文字符号要重点突出。 **4. 音效制作** 在 MG 动画中对音效的使用会极大地提升动画的效果,因此在动效制作完成后,可从网站中获取相匹配的音效。	动画效果要丰富,能跟随着配音做文字的强调动画,避免出现长时间画面无动态的情况。 人物动作流畅,没有穿帮、跳帧等问题。
5	审核修订	动画制作完成后,还需进行仔细地审核,包括检查整体动画是否流畅,页面元素有无缺漏多余,素材使用是否正确,动画有无跳帧、漏帧等各种细节问题。经修改确认无误后,输出对应的 MP4 文件,完成交付。	

（三）实训任务

严格按照实训要求中的标准和规范,参照实训案例中的操作步骤,完成下面的实训任务。

1. 任务内容

参照信息安全动画片提纲,使用对应的素材制作《企业信息安全系列全员普及篇》MG宣传动画,并最终输出对应的 MP4 视频。

2. 素材清单

在开始实训任务前,请在任课教师的指导下,下载对应素材。

素 材 类 型	包 含 内 容
素材包	平面、音频等

3. 成品欣赏

完成实训任务后,请在任课教师的指导下,下载并欣赏此任务对应的项目成品效果。

（四）实训评价

根据下方评价标准,给自己的实训成果进行打分,每项 10 分,总分 100 分。

序号	评价内容	评 价 标 准	分数
1		各场景选用是否得当	
2		自行绘制的素材内容是否符合整体风格	
3	平面设计	人物、元素等是否按照脚本中的位置进行排版	
4		排版是否美观、整齐,是否合理、得当	
5		人物与场景之间的比例关系等是否正确	
6		整体动画是否出现跳帧等动画基本问题	
7		角色动作是否协调	
8	动画设计	动画和配音是否同步,是否与节奏匹配	
9		对一些知识点是否做了明显的高亮强调	
10		各场景之间的转换是否自然和谐	
总体评价			

(五)实训总结

遇到的问题 列举在实训任务中所遇到的问题,最多不超过 3 个
解决的办法 实训过程中针对上述问题,所采取的解决办法
个人心得 项目实训过程中所获得的知识、技能或经验

案例 9

HTML5 人机互动英语课程项目

一、项目介绍

（一）项目描述

某英语教育机构计划设计一套人机互动英语课程，以便为学习者提供英文词汇、句型、篇章的听说练习。本项目为句型练习部分，主要包括学生起床、上学、吃午餐等在日常活动中常见并使用的句型。

（二）基本要求

本动画主要以欧美男孩为角色形象，以学生日常活动为平面场景，每个场景匹配对应的活动短语，用户通过点击聆听的方式学习短语的发音。要求平面整体风格清新活泼，人机交互响应准确迅速。互动课程最终的输出格式为 HTML5 资源包。

（三）作品形式

该课程基于 HTML5 模板开发，每个日常活动场景设计一张图片，用户点击某个场景后会弹出对应的短句，并播放对应的阅读音频。某场景设计如下图所示。

二、项目实训

基于上述客户真实的项目需求，归纳项目实施过程中的基本要求、标准规范和实施步骤，挑选其中典型的课程设计对应的实训活动。

（一）实训要求

1. 制作要求

（1）总体要求

① 本项目属于数字教育行业，在项目实施中要注重教育行业特色。

② 本项目注重人机互动，对互动性要求高，因此在交互设计上需要注重反馈、提示。

（2）平面设计要求

① 平面设计要能比较精准地表达脚本所要求的角色现象、动作特点。

② 各角色设计尽量差异化，面部表情及肢体动作要明确表达出意图。

③ 校园、城市建筑偏欧美风格，整体画面要和谐统一。

（3）交互开发要求

① 交互触发的方式尽量简单一些，推荐使用点击、滑动、涂抹等触发方式，不宜使用双击、长按、敲击等触发方式。

② 触发响应的速度不宜过快，且灵敏度设置不能过高。

③ 选择选项后需给到提示或音效。

（4）其他要求

① 各平面、音频、等元素片段如来自网络搜集，尽量选择版权免费的，如遇版权不明的，则需及时记录下来。

② 实训过程中，需要各位同学互相配合完成的任务，同学们可自行结成任务小组并推出组长，各同学通力合作共同完成实训任务。需要各位同学独立完成的，则严格要求自行独立完成，不可进行抄袭、借用等行为。

③ 各位学生需在规定课堂时间内完成实训任务，规定时间完不成的则自行在课外完成，并最终在规定时间内提交实训作品。

2. 技术规范

（1）源文件规范

平面尺寸（制作）：1 920×1 080 像素。

（2）平面制作规范

1）基本要求

① 界面整体分为两部分，界面右侧显示文本选项，界面左侧显示对应的文字图片。

② 界面最右侧显示进度条，颜色为：#85D2C0。

2）界面设计

① 界面左侧的设计类似电视荧幕，要简洁、有立体感。荧幕上方显示对应图片，下方为对应的词汇（需依据脚本要求、保证词汇与图片对应准确）。

② 右侧为各词汇对应的图片。图片内容需结合脚本要求进行设计。

③ 按照排版原则，画面排版需对齐、布局合理，具有良好的辨识度和美观性。

3）角色制作

① 人物角色要按照阳光、开朗的风格进行绘制，整体样式保持统一。

② 人物要有结构阴影和地面投影，人物线条采用实线，粗细均匀。

4）文字样式

字体：SourceHanSansCN-Bold，字号：42磅。

（3）交互制作规范

1）游戏逻辑说明

① 游戏页面加载完成后，显示开始学习按钮，点击可进入学习。

② 进入游戏界面后，播放引导语时左侧荧幕图片及下方文字默认显示右侧第一个选项。

③ 点击右侧任意图片，左侧荧幕和下方文字对应切换至该选项，并播放该图片的对应音频，同时点击后的选项底框颜色需变成橙色，作为已点提示。

④ 正误反馈说明：结合脚本给到的答案信息，设置正误选项按钮，点击按钮匹配正误反馈音效。

2）游戏代码说明

① 文件夹命名

Images——游戏切图

Lib——静态库

Sounds——游戏音频

Src——外部资源

Index——游戏平面

② 静态库可从素材库中直接调用。

③ 游戏音频要注意音频命名，可从素材库中直接调用。

④ 代码格式整齐，排版整齐，语句可读性强。

(二) 实训案例

1. 案例脚本

文本内容	1. get up early 2. get up late 3. do morning exercises 4. start class 5. finish class 6. eat lunch at home 7. go back to school 8. go for a walk

续　表

交互动作	点击相应的图片后播放对应的音频及图片
界面截图	
特殊说明	提供的音频为所有单词音频的集合音频

2. 实施步骤

序号	关键步骤	实　施　要　点	注意事项
1	脚本研读	**1. 浏览文本信息,设计平面素材** 　阅读脚本中的内容可知,脚本中共有 8 个句型,所以需完成对应 8 个平面设计。内容以生活、校园类为主。共涉及人设 2 个,教室场景 1 个、校园场景 1 个。 **2. 浏览交互说明,明确交互功能** 　阅读脚本中交互动作要求,明确功能点。在脚本中,主要功能为点击功能。另外,还包含封面页的交互以及滚动条的功能设计。	
2	素材获取	通过对脚本的分析可知,还需要设计人物、场景等素材。有些素材可以利用网络资源,如本项目中的人物角色可以从以往项目中调用修改,而黑板、桌椅、讲台元素可以直接在网站上搜集。电视元素则需要自己设计。	
3	平面设计	人物选取欧美男孩形象,符合阳光、活泼的特点。根据句型,需表现出男孩做运动、吃早餐、起床、上学、听课等日常活动。同时,人物形象需添加阴影效果,色彩鲜艳。	
4	交互开发	**1. 开发环境准备** 　交互开发人员前期需安装好 Web 端 HTML5 开发软件 Hbuilder。	

序号	关键步骤	实　施　要　点	注意事项

4	交互开发	**2.交互素材准备**
		　准备好交互所需要的素材,导入到 Flash 软件中并将各个元件进行命名,方便后期代码直接调用元件以完成交互效果制作。
		　3.交互代码开发
		　本项目代码需实现两种交互效果的制作,分别为点击和拖动进度条。
		　(1) 导入数据库 createjs-utils
		　调用库文件的 createjs-utils 方法,为点击效果的实现做准备(如下图所示)。
		
		```\n(function(global) {\n var cjs = createjs || {};\n var utils = cjs.utils;\n var exportRoot;\n var stage;\n```
		
		　(2) 制作加载页
		　在启动页面添加加载按钮,定义点击后遮蔽,并显示内容页(如下图所示)。
		
		```\nglobal.onload = function() {\n utils.onStart = onGameStart;\n utils.init(config);\n};\n\nfunction onGameStart(res, st) {\n exportRoot = res;\n stage = st;\n\n init();\n}\n```
		
		　(3) 定义各元件名称
		　在 Hbuilder 软件中,定义之前命名好的元件名称(如下图所示)。
		
		```\nfunction init(){\n picMc = exportRoot.picMc;\n textMc = exportRoot.textMc;\n control = exportRoot.control;\n cover = exportRoot.cover;\n btnStart = cover.btnStart;\n utils.on(btnStart, 'click', function(){\n cover.visible = false;\n audioPlayer.playAudio('sounds/title.mp3');\n });\n\n dragControl();\n handleBtns();\n```
		
		　(4) 制作拖动进度条代码
		　首先输入图片长度值、进度条长度值、内容展示页长度值,参照
			在交互功能开发前,平面设计人员需要向交互开发人员提供完整的项目源文件,包括各类元素图片、音效等文件。

序号	关键步骤	实　施　要　点	注意事项

4	交互开发	如下设置。使用 if 语句,定义进度条按钮,通过对按钮位置长度的判断,来控制图片展示长度,从而实现拖动进度条的交互效果。
		
		``javascript
		function dragControl(){
		    var listenHeight = 1120;
		    var dHeight = 808;
		    var maskHeight = 834.65;
		    var listen = control.listen;
		    var chuY = listen.y;
		    var dragBtn = control.dragBtn;
		    var chuBy = dragBtn.y;
		
		    utils.on(dragBtn, "pressmove", function(evt) {
		        var p = control.globalToLocal(evt.stageX, evt.stageY);
		        if(p.y < 0) {
		            p.y = 0;
		        } else if(p.y > dHeight) {
		            p.y = dHeight;
		        }
		        this.y = p.y;
		        var per = p.y / dHeight;
		        listen.y = chuY - (listenHeight - maskHeight) * per;
		    });
		}
		``
		
		（5）制作点击交互效果代码
		　首先定义变量 i(i 指代 8 张图片),利用 on 条件控制点击效果,切换对应图片、文字及音频(如下图所示)。
		
		``javascript
		function handleBtns() {
		    var cArray = [];
		    for(var i=0;i<8;i++){
		        cArray.push(control.listen['c'+i]);
		    };
		    cArray.forEach(function(mc,i){
		        utils.on(mc, 'click', function(){
		            mc.gotoAndStop(1);
		            picMc.gotoAndStop(i);
		            textMc.gotoAndStop(i);
		            audioPlayer.playAudio('sounds/c'+i+'.mp3');
		        });
		    };
		}
		
		})(window);
		``	

5	审核修订	HTML5 交互成品制作完成后,还需进行仔细地审核,包括检查页面元素有无缺漏多余、有无跳帧及漏帧等问题。经修改确认无误后,才能交付。	

(三) 实训任务

严格按照实训要求中的标准和规范,参照实训案例中的操作步骤,完成下面的实训任务。

1. 任务内容

参照"点击类活动"的脚本内容,使用对应的素材制作 8 张平面效果图,并开发"点击切换图片"的交互效果,最终输出对应的 HTML 交互课程。

2. 素材清单

在开始实训任务前,请在任课教师的指导下,下载对应素材。

素 材 类 型	包 含 内 容
素材包	平面、音频、代码

3. 成品欣赏

完成实训任务后,可在任课教师的指导下,下载并欣赏此任务对应的项目成品效果。

(四) 实训评价

根据下方评价标准,给自己的实训成果进行打分,每项 10 分,总分 100 分。

序号	评价内容	评 价 标 准	分数
1	平面设计	角色设计是否符合欧美人的体型及外貌形象	
2		场景设计是否符合现实中小学校的特点	
3		道具设计是否符合实物的比例和特点	
4		画面排版布局是否合理美观	
5	交互开发	单击、滑动等交互操作是否流畅	
6		长时间反复交互使用时是否稳定	
7		是否可以在微信、QQ、浏览器以及手机、电脑上跨平台、跨终端运行	
	总体评价		

(五) 实训总结

遇到的问题 列举在实训任务中所遇到的问题,最多不超过 3 个

解决的办法 实训过程中针对上述问题,所采取的解决办法
个人心得 项目实训过程中所获得的知识、技能或经验

案例 10

海事专业知识交互动画微课项目

一、项目介绍

（一）项目描述

某海事职业院校希望将海事专业的部分知识点，制作成包含动画内容的 HTML5 交互微课，以供学生利用碎片化时间进行学习。本项目选取其中的"轮船灭火水枪的使用"的知识，以情景动画和简单交互操作的形式，帮助学生快速学习灭火水枪的使用方法。

（二）基本要求

整体上要以"轮船灭火水枪的使用"知识学习为核心，设计轮船灭火的人物、场景和道具。要求人物设计要符合海上消防员的形象，场景要贴合海上轮船起火的场景，道具要与标准的轮船灭火水枪一致。对交互功能的要求比较简单，只需有"播放"和"暂停"两个按钮即可。微课最终的输出时长在 20～40 秒，格式为 SWF 交互式微课。

（三）作品形式

对于微课中的知识内容，采取情景动画形式呈现；对于微课使用的播放/暂停功能，通过设置交互按钮实现。微课一开始为课程封面，主要是展示本节课的学习主题。点击播放按钮后进入"货物起火—准备水枪—喷水灭火（附图文结合的知识讲解）"的动画。动画播放过程中，点击停止按钮可随时暂停。微课动画页面如下图所示。

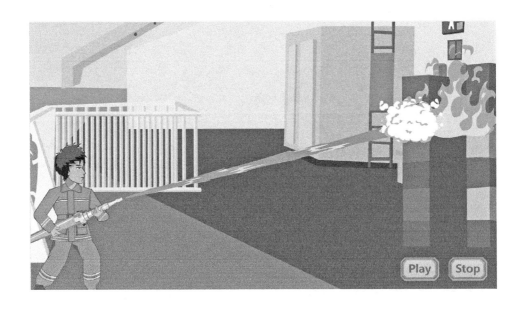

二、项目实训

基于上述客户真实的项目需求,归纳实施过程中的标准规范,挑选其中典型的课程设计对应的实训活动。

(一) 实训要求

1. 制作要求

(1) 总体要求

① 本项目属于数字教育行业,在项目实施中需注重教育行业特色。

② 由于本项目成果面向的受众对象为海事专业的学生,因此在平面设计、动画制作和交互呈现等方面,需要符合大学生的喜好和习惯特点,且画面场景要贴近海事人员的实际工作情境。

(2) 平面设计要求

① 能够精准地展现脚本所要求的内容,同时在脚本未明确规定的地方能有效发挥创意。

② 画面里的人物形象要符合其身份,人物使用某个设备/工具时的体态、姿势要符合脚本中的描述。

③ 画面里具体设备/工具的外观、使用效果,要与实际相符。

④ 场景及元素搭配要贴近实际,透视比例要合理。

(3) 动画设计要求

① 在动画中对某个设备/工具使用效果的动画,要符合脚本中的描述。

② 在动画中人物使用某个设备/工具时的动作动画,要符合脚本中的描述。

(4) 其他要求

① 通过网络搜集各平面、音效、动画等素材时,尽量选择版权免费的,如遇版权不明的,需及时记录下来。

② 实训过程中,需要各位同学互相配合完成的任务,同学们可自行结成任务小组并推出组长,各同学通力合作共同完成实训任务。需要各位同学独立完成的,则严格要求自行独立完成,不可进行抄袭、借用等行为。

③ 各位学生需在规定课堂时间内完成实训任务,规定时间完不成的则自行在课外完成,并最终在规定时间内提交实训作品。

2. 技术规范

(1) 源文件规范

动画尺寸(制作): 1 118×629 像素。

帧率: 24 fps。

动画时长：一般在 20 秒至 40 秒左右。

声音设置：MP3 格式,比特率 128 kbps,最佳品质。

成品设置：导出为 SWF 格式。

(2) 平面制作规范

1) 场景设计

① 场景内容要符合实际,构图要美观合理,透视效果要准确。

② 对场景是否需有描线,无硬性要求,平面设计人员可从画面美观的角度进行设计。

2) 人物设计

① 人物形象要有描线。

② 人物的服饰要与其身份相符。

3) 素材设计

① 对画面中出现的文字,要设计合适的字体、字号、颜色、底框。

② 交互按钮的设计要美观、合理。

4) 排版构图

① 画面构图要美观且重心明确,符合平面构图原理。

② 画面中不能出现下列情况：明显的平面抠图后的残留色块,人物边缘缺失,背景色差过渡不均匀,漏边,模糊不清而无法分辨等。

(3) 动画制作规范

1) 音效

① 对 HTML5 交互微课中相关元素的出现及动画,需配以合适的音效(可自行搜集),以使成品效果更加生动。

② 无旁白/对白配音。

③ 无背景音乐。

2) 人物动态

① 人物的肩部、肘部、膝盖等关节处,要避免出现漏帧、穿帮等问题。

② 人物使用某一设备/工具的姿势、动作,要符合实际情况。

③ 给人物设置恰当的眨眼动作,以增加生动性。

3) 其他

① 部分元素可以动态的方式出现,以增加画面的生动性。

② 动画要自然流畅,无跳帧、漏帧等问题。

(4) 代码编写规范

① 该项目的交互内容,主要为"开始按钮""暂停按钮""重新播放按钮"的设置,交互逻辑详见脚本。

② 在 Adobe Animate 中使用 ActionScript 3.0 进行代码编写。

③ 在创作环境中编写 ActionScript 代码时,可使用"动作"面板来编写放在 Animate

文档中的脚本（即嵌入 FLA 文件中的脚本）。

④ 代码格式及排版整齐，语句可读性强。

（二）实训案例

1. 案例脚本

直流水枪的使用	
基本描述	水枪按喷射的灭火水流形式可分为：直流水枪、喷雾水枪和喷雾直流两用水枪三种。该任务需演示直流水枪的出水状态。
细节描述	**1. 开始页面** 在开始页面呈现课程名称"直流水枪的使用"时，需配以适当的背景。开始页面的右下角，有开始和停止按钮。点击开始按钮，播放动画。 **2. 动画页面** （1）动画按钮设置 动画页面的右下角，有开始和停止按钮。若点击停止按钮，动画暂停；动画暂停后，若点击开始按钮，动画继续播放；动画播放结束后，开始按钮变成重新播放按钮，若点击重新播放按钮，则再次播放动画。 （2）动画内容 船舶甲板（或者开敞的其他地方）上有一处起火。一名消防员左手拿着直流水枪、右手抓着水带头，快速将水带头接上水枪，进行射水，水枪射出直流水柱。直流水枪样式及消防员使用时的姿势，参见下图。（同时画面呈现文字说明：**直流水枪，射出的是直流水柱，射程远，冲击力大，水枪口径有** 12 mm、16 mm 和 19 mm **三种类型**）。火被灭后，消防员手中的水枪不再射水。 **3. 动画说明** 动画无配音、无背景音乐，但需有合适的音效。
参考图	 直流水枪　　　　　　　使用姿势

2. 实施步骤

序号	关键步骤	实 施 要 点	注意事项
1	脚本研读	**1. 了解基本制作信息** 　　根据脚本可以发现,该微课主题主要围绕的知识点是船舶消防和消防工具。对于脚本中展现直流水枪使用效果的动画,画面要贴近现实。根据脚本内容,初步判断微课中动画部分的时长为 20 秒左右。 **2. 梳理所需素材** 　　根据脚本内容,初步梳理制作微课所需要的素材: (1) 开始页面 背景、微课名称。 (2) 动画 人物:1 名消防员;场景:船舶甲板;画面素材:1 处起火点、火、烟、从直流水枪喷出的水流、关键字(详见脚本)、直流水枪、消防水带的一端(有水带头);音效:配合相关元素动态呈现的音效。 (3) 按钮 开始按钮、停止按钮、重新播放按钮。	
2	素材获取	根据脚本研读的结果,结合实际情况分析并确定:哪些素材可以从以往项目中直接调用修改,哪些元素可通过相关网络进行搜集,哪些素材则需要完全自行绘制。	
3	角色设计	**1. 角色形象** 　　该任务需要的角色为 1 名消防员,形象要阳光正气。若以往项目中有相同的角色形象,则基本人设保持不变,只增加姿势形象即可。若以往项目中没有相同的角色形象,可上网查找或搜集类似的形象,并在此基础上修改人物的脸型、发型、五官、服装等,从而设计成想要的人物形象。 　　本任务中,消防员在使用直流水枪时的站姿体态,要参考脚本里提供的照片(下图仅供参考)。 	人物有特殊动作时,需将特定动作画出,从而方便后续的动画制作,如:消防员的射水姿势等。

序号	关键步骤	实　施　要　点	注意事项
3	角色设计	**2. 元件拆分** 在角色设计完后,需要给每个人物拆分好关节元件,如头部、颈部、身体、左右上臂、下臂、手、腿、脚等,以方便动画设计师设计相关的肢体动作。拆分关节元件时要将元件中心位置先定好,再将可以活动的关节中心定位,使动画制作时更加便捷。	
4	场景/背景设计	依据脚本内容,需要为开始页面设计背景、为动画设计场景。 **1. 开始页面的背景** 该微课的主题主要围绕的知识点是船舶消防和消防工具,且学习微课的人群是海事专业的学生,因此开始页面的背景,可以考虑使用海洋、船舶等元素(下图仅供参考)。 **2. 动画部分的场景** 根据脚本内容可知,动画内容中事件发生的场景为:船舶甲板(或者开敞的其他地方)上。虽然脚本中未提供参考图片,但可以自行用"船舶甲板"等关键字上网搜索图片进行参考。 如前所述,若以往项目中有适合的场景图片,可调取修改后使用;若以往项目中没有适合的场景图片,则需自己进行设计。	场景所需搭配的元素,可根据画面实际效果酌情增加。
5	动画制作	**1. 片头动画** 本项目开始页面上的动画统一为:在背景上动态呈现课程名称(下图背景供参考)。 	可为人物适当增加眨眼动作,以丰富动画。

序号	关键步骤	实　施　要　点	注意事项
5	动画制作	**2. 内容动画** 通过脚本可以看出,该任务展现知识内容(直流水枪)的部分,是以演示动画的形式呈现的,即甲板上出现一处起火点,然后消防员使用直流水枪进行灭火,以此展示直流水枪的使用效果。 由于这部分动画时长较短、动画内容也不复杂,因此,无需切换镜头、景别,消防员、起火点、消防员灭火的过程,可以全部在同一个画面中展示。根据脚本,具体设计如下: ① 动态出现 1 处起火点(如一些货物,但此时尚未起火)及 1 名消防员(侧立,左手拿 1 个直流水枪,右手抓水带头)(如下图所示)。 ② 起火点开始着火,然后消防员(仍是侧立状态)将直流水枪接上水带头(如下图所示)。 ③ 消防员的体态变换为射水姿势(如下图所示)。 	

序号	关键步骤	实　施　要　点	注意事项
5	动画制作	④ 直流水枪向起火处喷水,然后动态呈现关键字(如下图所示)。 ⑤ 火被浇灭后,直流水枪不再喷水,起火处有余烟飘动(如下图所示)。 	
6	交互实现	该任务的成品为具有交互功能的 SWF 文件,可在 Adobe Animate 中使用 ActionScript 3.0 编写代码、实现交互。 根据脚本,该任务需要 3 个交互按钮,分别是: ① 开始按钮——用于播放动画、(暂停后)继续播放动画。 ② 停止按钮——用于暂停动画。 ③ 重新播放按钮——用于(动画播放结束后)再次播放动画。 根据脚本厘清交互逻辑后,选中对应关键帧,然后在动作面板中,进行代码编写。 下方代码供参考: : this.xx.play(　); : this.xx.stop(　); : this.xx.gotoAndPlay(0);	
7	审核修订	成品制作完成后,还需进行仔细地审核,包括检查画面元素有无缺漏多余,动画有无跳帧、漏帧,交互功能是否准确等问题。经修改确认无误后,才能交付。	

(三) 实训任务

严格按照实训要求中的标准和规范,参照实训案例中的操作步骤,完成下面的实训任务。

1. 任务内容

参照"喷雾水枪的使用"的脚本,自行设计素材并制作 HTML5 交互微课,最终输出对应的 SWF 文件。

2. 素材清单

在开始实训任务前,请在任课教师的指导下,下载对应素材。

素 材 类 型	包 含 内 容
脚本	"喷雾水枪的使用"脚本

3. 成品欣赏

完成实训任务后,请在任课教师的指导下,下载并欣赏此任务对应的项目成品效果。

(四) 实训评价

根据下方评价标准,给自己的实训成果进行打分,每项 10 分,总分 100 分。

序号	评价内容	评 价 标 准	分数
1	平面设计	素材收集、元素设计是否符合要求	
2		背景设计是否美观合理	
3		场景设计是否美观合理	
4		画面排版布局是否美观合理	
5	动画设计	人物动作、水流、火、烟的动画是否流畅自然	
6		相关元素的动态呈现是否恰当	
7		音效的运用是否恰当	
8		有无跳帧、漏帧、白屏、穿帮等情况	
9	交互呈现	交互操作是否准确、流畅	
10		长时间反复交互使用时是否稳定	
	总体评价		

（五）实训总结

遇到的问题 列举在实训任务中所遇到的问题，最多不超过 3 个
解决的办法 实训过程中针对上述问题，所采取的解决办法
个人心得 项目实训过程中所获得的知识、技能或经验

《道德与法治》交互动画课件项目

一、项目介绍

（一）项目描述

某智能语音企业教学资源部需要为小学《道德与法治》教材开发配套的 HTML5 交互动画课件,并希望借此动画课件对学生的一些思想行为进行情景化展示,从而达到引导学生判断思想行为对错的目的。

（二）基本要求

参照脚本进行制作,整体风格清新、活泼,角色设计需符合小学生的形象,场景设计需符合具体的行为场景。交互按钮设计要明显突出易点击,交互响应要迅速无延迟、卡顿等问题。动画课件最终的输出时长在 2 分钟以内,格式为 HTML5 交互微课资源包。

（三）作品形式

对于学生思想行为的展示,采取情景动画的形式进行呈现,每个思想行为设计一个情景动画;对于思想行为的判断通过 HTML 页面的 UI 交互实现,判断正确后才能进入下一情景。课程封面如下图所示。

二、项目实训

基于上述客户真实的项目需求,归纳项目实施过程中的基本要求、标准规范和实施步骤,挑选其中典型的课程设计对应的实训活动。

(一) 实训要求

1. 制作要求

(1) 总体要求

① 本项目属于数字教育行业,在项目实施中要注重教育行业特色。

② 由于本项目成果面向的对象是小学生,因此在平面设计、动画制作和交互设计过程中需要考虑小学生的喜好和习惯特点。

(2) 平面设计要求

① 平面设计要能比较精准表达脚本所要求的角色、场景特点,同时在脚本未明确规定的地方能有效发挥创意。

② 各角色设计尽量要有差异化,并符合角色思想行为背后的性格特点。

③ 各场景元素搭配要尽可能贴近现实场景,整体上要大气美观。

④ 各功能控件的大小、位置要稍微醒目一些,以方便学生查找。

(3) 动画设计要求

① 动画的设计要做到生动、活泼,富有一定的趣味性。

② 动画中的角色动作、表情设计要能准确表达脚本中所描述的角色行为,同时要能有效发挥个人创意。

③ 动画中各场景转换的动画效果要尽可能细腻柔和,动画整体节奏适中,从而减轻学生的观看压力。

(4) 交互开发要求

① 交互触发的方式尽量简单一些,推荐使用点击、滑动、涂抹等触发方式,不宜使用双击、长按、敲击等触发方式。

② 触发响应的速度不宜过快,避免学生产生精神压力。

(5) 其他要求

① 各平面、音频、动画等元素片段如来自网络搜集,应尽量选择版权免费的,如遇版权不明的,则需及时记录下来。

② 实训过程中,需要各位同学互相配合完成的任务,同学们可自行结成任务小组并推出组长,各同学通力合作共同完成实训任务。需要各位同学独立完成的,则严格要求自行独立完成,不可进行抄袭、借用等行为。

③ 各位学生需在规定课堂时间内完成实训任务,规定时间完不成的则自行在课外完

成,并最终在规定时间内提交实训作品。

2. 技术规范

(1) 源文件规范

动画尺寸(制作):1 920×1 080 像素。

动画时长:一般在 90 秒至 150 秒以内,最长不超过 180 秒。

声音设置:MP3 格式,比特率 128 kbps,最佳品质。

动画尺寸(导出):1 280×720 像素。

(2) 平面制作规范

1) 基本要求

① 界面下方为进度条,左下方为播放/暂停按钮,右下方为帮助按钮。

② 帮助界面样式主要由温馨提示文字和相关图标构成。

2) 场景制作

① 场景设计要符合脚本制作需求,除特殊要求外,一般以校园场景为主。

② 平面场景要符合现实情境,尺寸、比例不可失调。

3) 人物制作

① 人物角色要保持样式统一。若脚本中提及特有人物的情况,则要按照给定的要求进行绘制。

② 人物要有结构阴影和地面投影,人物线条采用粗细均匀的实线。

③ 人物身形、脸部轮廓要符合小学生活泼、可爱的形象,但需避免出现重复的身形、脸型。

4) 文字样式

① 对话框字体:方正卡通简体,字号:50~70 磅。

② 关键字字体:华康方圆体 W7,字号:90~110 磅。

5) 文字底框制作

① 带有回忆类场景的文字底框需设计成云朵样式,回忆画面统一采用放大并充满整个画面的效果(结合脚本具体要求,可在回忆画面中加一层朦胧效果),颜色可根据场景进行替换,但要保持和谐、统一。

② 带有对话类的文字底框需设计成对话框样式,颜色可根据场景进行替换,但要保持和谐、统一。

6) 排版布局制作

① 按照排版原则,画面排版需对齐且布局要合理,具有良好的辨识度和美观性。

② 排版时,若涉及较多的文字则需将文字分行显示,并设置首行缩进 2 个字符,行间距可根据文字数量调整,一般以 1.3~1.5 为宜。

(3) 动画制作规范

1) 片头制作

① 片头采用统一的样式,只需在文字框中替换动画名称和两侧素材。

② 标题字体：华康海报体 W12,字体颜色：♯E18846,文字有外轮廓,字号需根据字数适当调整,字距可自动调整。

2）字幕制作

① 字幕义字统一设计,义字具有外轮廓,且有白色渐变底框。

② 字体：楷体;字号：75 磅;颜色：黑色;字间距：0;位置：X：542.85\Y：869.85。

③ 字幕按照脚本文字制作,画面文字控制在 13 个字以内,若出现需断句的情况,则按语法断句。

④ 字幕底框为白色,位置：X：963.25/Y：909.35,宽：1239.35,高：83.85。

3）背景音乐制作

① 背景音乐和音效的音量要低于配音音量。

② 背景音乐风格的选取要贴切主题。

4）转场动画制作要求

① 根据脚本内容,在不同场景转换中加入转场动画。

② 转场要过渡自然,切勿生硬,避免出现穿帮、跳帧等问题。

5）人物动画制作

① 人物动作要规范、自然,避免出现滑步、跳帧等问题。

② 人物口型需与配音同步,要有眨眼动作,人物手臂动作要自然,不能出现手臂忽长忽短的问题。

③ 人物表情需严格按照脚本设计,表情准确到位。

6）镜头运动制作

① 镜头需要运用推拉摇移手法,但需酌情设计,一般按照脚本要求对应添加。

② 镜头移动时,人物、道具、场景要过渡自然,符合逻辑,避免出现移动错位。

（4）交互制作规范

1）游戏逻辑说明

① 点击界面左下角播放按钮,可播放动画。

② 引导动画结束后,画面要停留在选择界面。

③ 四个情景均要做出可点击的交互,点击图片则能进入对应的情景里。

④ 正误反馈说明：结合脚本给到的答案信息,设置正误选项按钮,点击按钮匹配正误反馈音效。

2）游戏代码说明

① 文件夹命名

Images——游戏切图

Lib——静态库

Sounds——游戏音频

Src——外部资源

Index——游戏平面

② 静态库包含如下内容(见下图),可从素材库中直接调用。

```
css
audioplayer.js
config.js
createjs-utils.js
easeljs-0.8.2.min.js
movieclip-0.8.1.min.js
preloadjs-0.6.1.min.js
soundjs-0.6.2.min.js
tweenjs-0.6.1.min.js
```

③ 游戏音频包含如下内容(见下图),注意音频命名,可从素材库中直接调用。

```
bg.mp3
right.mp3
wrong.mp3
```

④ 代码格式及排版整齐,语句可读性强。

(二) 实训案例

1. 案例脚本

学科(教材)	《道德与法治》三年级上册	标题	师生相处
配套位置		应用类型	知识讲解
资源格式	交互动画	建议时长	2分钟左右
动画设计说明			
参考风格样例			
是否带字幕	带字幕		
是否有背景音乐	有背景音乐(音效必须强烈突出、展现活泼幽默的风格)		
资源设计具体描述			
编号说明	界面呈现说明 (图片仅供参考)	媒体(画面)效果	配 音
1. 片头	动画风格统一,设计呈现标题。(标题框边装饰小元素)	标题文字富有动态且带音效出现在框里即可。	画外音：师生相处

	资源设计具体描述		
编号说明	界面呈现说明 （图片仅供参考）	媒体（画面）效果	配　音
画面切换	像翻书一样，切换至下一个画面，且带"咻咻"的音效		
2. 演示说明	依次出现四个情景的截图，并匹配文字：情景一、情景二、情景三、情景四。当要求判断语音播出时，依次闪动四个情景。 　按钮说明：开场结束后出现返回、关闭按钮及帮助按钮。 　交互说明： 　① 点击返回按钮直接回到开篇两个情景的页面；如果不点击返回，四个情景按顺序播下去。 　② 点击帮助按钮，弹出提示文字：点击不同的情景，可观看相应的故事；故事播放结束，请点击对号或叉号判断做法是否合适；点击"返回"按钮，回到主页面。 　③ 四个情景截图可点击，点击后自动播放对应情景动画。	适当添加音效及转场动画。	画外音：从幼儿园开始，老师一直陪伴着我们成长，默默付出不求回报，可是当遇到不能理解老师的做法或者老师疏忽大意误解我们的时候，你会怎么做呢？请你判断下面的同学的做法对吗？
3. 情景一	【画面说明】 　下课了，教室门口，老师边引导学生出去活动，边对着教室里的小华说话，小华有点不太情愿地走了过来，问道。 【交互说明】 　① 情景一画面定格，分别出现闪动的勾与叉。 　② 点击勾时，匹配正确音效，选项定格。继续回到小华和老师沟通的画面，并匹配文字：当我们不能理解老师的做法时，要主动找老师沟通，提出自己的疑问。 　③ 点击叉时，匹配错误音效，且选不中，勾与叉继续闪动。		**男老师：**下课了，小华，不要坐在教室里写作业啦，到室外活动活动吧。 　**小华：**老师，我们为什么不能在教室写作业，而要去室外活动呢？ 　**画外音：**当我们不能理解老师的做法时，要主动找老师沟通，提出自己的疑问。
4. 情景二	【画面说明】 　讲台上，老师正在解释不吃早饭的危害，声音越来越小。 　镜头给到台下正在窃窃私语的小美和同桌小花。小美头顶浮现老师在办公室打电话的情景，聊到最后小美表现出了对老师的怨气，一旁的小花也很激动地附和着。 【交互说明】 　① 情景二画面定格，分别出现闪动的勾与叉。		**男老师：**有的同学不吃早饭，其实危害是很大的…… 　**小美：**哎，昨天老师给我妈打电话了，说了我不吃早饭这件事。真不知道老师怎么想的，不就是没吃早饭嘛！

资源设计具体描述			
编号说明	界面呈现说明 (图片仅供参考)	媒体(画面) 效果	配　音
4. 情景二	② 点击勾时,匹配正确音效,选项定格。继续播放下面的内容:小美在办公室和老师沟通,小美认识到自己误会了老师,满脸惭愧。头顶显示文字框:对不起,我误会您了。匹配文字:当我们不能理解老师的做法时,不要在背后议论,应该勇敢地和老师沟通,看看老师为什么要这么做,理解老师的良苦用心。 ③ 点击叉时,匹配错误音效,且选不中,勾与叉继续闪动。		**小花:**是呀,老师真是多管闲事! **画外音:**当我们不能理解老师的做法时,不要在背后议论,应该勇敢地和老师沟通,看看老师为什么要这么做,理解老师的用心良苦。
5. 情景三	【画面说明】 老师(女)下课临走时,发现讲台旁的地面上有一些纸屑,老师批评小花扫地不认真,小花虽然委屈,但是她很勇敢地向老师做出了解释,头顶出现对话框显示:老师,不是这样的,您听我说……。 【交互说明】 ① 情景三画面定格,分别出现闪动的勾与叉。 交互说明: ② 点击勾时,匹配正确音效,选项定格。继续播放以下画面:小花仔细地跟老师解释道,老师不好意思地安慰小花,头顶出现对话框,显示:对不起,是老师错怪你了。 ③ 点击叉时,匹配错误音效,且选不中,勾与叉继续闪动。 匹配文字:当老师的批评不够恰当的时候,我们可以向老师说明情况。		**画外音:**刚把地面扫干净,不知道是谁又丢了纸屑。老师看见了批评了小花,说她扫地不认真。 **小花:**老师,不是这样的,您听我说…… **画外音:**当老师的批评不够恰当的时候,我们可以向老师说明情况。
6. 情景四	情景四: 【画面说明】 课堂上,老师(女)提问,让成绩好的同学回答,在同学正在回答问题的过程中,皮皮一脸不高兴,心里暗自想着。于是皮皮开始和旁边的小朋友旁若无人地开始聊天。 【交互说明】 ① 情景四画面定格,分别出现闪动的勾与叉。 ② 点击勾时,匹配正确音效,选项定格。继续播放以下内容:下课后皮皮找老师沟通的	匹配嘻嘻哈哈的音效	**画外音:**老师总是喜欢让一些成绩好的学生回答问题,皮皮不服气。 **皮皮:**我一定要让老师关注到我。 **画外音:**于是皮皮总是在别人回答问题的时候,和同桌小声聊天,来表示自己的抗议。

资源设计具体描述			
编号说明	界面呈现说明 （图片仅供参考）	媒体（画面） 效果	配 音
6. 情景四	场景,头顶显示文字框：老师,我建议您……,匹配文字：当老师的做法不够恰当的时候,我们可以向老师提出建议。提建议时要注意方式,要尊重老师。 ③ 点击叉时,匹配错误音效,且选不中,勾与叉继续闪动。		**画外音**：当老师的做法不够恰当的时候,我们可以向老师提出建议。提建议时要注意方式,要尊重老师。
7. 结束画面	以圆圈消失的方式结束		

2. 实施步骤

序号	关键步骤	实 施 要 点	注意事项
1	脚本研读	**1. 浏览制作信息,明确制作要求** 阅读脚本信息栏,注意项目制作的目的、动画主题、动画风格、动画时长等信息。在脚本中,明确提出动画的制作目的是为三年级上册《道德与法治》教材制作配套动画,动画主题为"师生相处",整体动画风格为活泼、欢快类,动画时长约为 2 分钟。 **2. 浏览画面说明,明确动画素材** 阅读脚本演示说明中的画面说明,提炼出所需绘制的平面素材。在脚本中,可总结出需要绘制的人物有老师、小华、小美、小花、皮皮,需要绘制的场景元素有教室、办公室、讲台、书桌,以及"帮助""播放""返回""勾号""叉号"五个按钮的交互元素。四大场景背景音乐、交互按钮音效。 **3. 浏览交互说明,明确交互功能** 阅读脚本演示说明中的画面说明,明确动画交互的触发时机、触发条件、响应动作等。	
2	素材获取	根据脚本研读的结果,分析实际情况并确定：哪些素材可以从以往项目中调用修改,哪些素材可以通过相关网络进行搜集,哪些素材需要完全自行绘制。例如,本项目中的人物角色可以从以往项目中调用修改,黑板、桌椅、讲台及交互按钮元素可以直接在网站上搜集到。小学校园、教师黑板报、悬挂地图和扫地工具则需要自行绘制。	
3	角色设计	在角色设计时,可以先设计那些能调用修改的角色。若以往项目有相同的角色形象,则基本人设保持不变,只增加姿势形象即可,如下图所示的本项目各角色的侧立、3/4 侧立等姿势形态。	

序号	关键步骤	实　施　要　点	注意事项
3	角色设计	 若以往项目没有相同的角色形象,则需查找或搜集类似的形象,并在此基础上修改人物的脸型、发型、五官、服装等,从而设计成想要的人物形象。 在角色设计完后,需要给每个人物拆分好关节元件,以方便动画设计师后续设计相关的肢体动作。可拆分的关节如头部、颈部、身体、左右上臂、下臂、手、腿、脚等。拆分关节元件时要先将元件中心位置定好,再将可以活动的关节中心定位好,以方便动画制作时更加便捷。如下图的头部: 	人物形象风格要统一。 在特定情境中,人物有特殊动作时,需将特定动作画出,方便接下来的动画制作。如:小花在扫地的动作。
4	场景设计	依据脚本内容要求,需要为主题导入动画以及为四大情景动画设计对应的场景。在场景绘制之前,需要首先绘制或搜集场景所需的元素。 在主题导入动画中需要设计小学校园、老师办公室、教室讲台三个场景。教师办公室需要的主要元素有储物柜、书籍、地球仪、办公桌、转椅、桌面书架、笔筒、笔;教室讲台需要的元素有黑板、讲台、讲桌、扫地工具。下图教师办公室场景仅供参考。 	本实训案例主要以校园场景为主,场景设计要符合现实情境。 镜头的远近、推拉的范围等不同,每个场景所需搭配的元素也不同,这些可根据画面实际效果酌情添加元素。

序号	关键步骤	实　施　要　点	注意事项
4	场景设计	在情景一动画中,需要绘制两个场景:一个是教室门口教师视角场景;另一个是教室后角同学视角场景。教室门口教师视角,需要搭配的元素包括黑板、讲台、课桌、椅子、书本、门窗、花盆;教室后角同学视角场景,需要搭配的元素包括课桌、椅子、窗户、黑板报。下图教室门口场景仅供参考。 在情景二动画中,需要绘制讲台上教师视角场景、座位上学生视角场景。教师视角场景需要搭配的元素有黑板、讲台、讲桌;学生视角需要搭配的元素有课桌、椅子、书本。下图学生视角场景仅供参考。 在情景三动画中,需要绘制一个教师在讲台前师生对话的场景,需要搭配的场景元素有黑板、讲台、讲桌、扫地工具等元素。下图讲台场景仅供参考。 在情景四动画中,需要绘制讲台教师视角和全体学生视角两个场景。教师视角场景需要搭配的元素有讲台、讲桌、黑板;学生视角场景需要搭配的元素有课桌、椅子、书本、花盆、黑板报、挂图等。	

序号	关键步骤	实 施 要 点	注意事项
5	动画制作	**1.片头动画制作** 首先,本动画片头设计需要突出"师生相处"这一主题,因而画面中至少需要包含老师和学生两个角色,并需要添加黑板、课桌、书本、文具、书包等场景元素,从而对教育主题做进一步的衬托。其次,本动画需要烘托出小学生可爱活泼的特点,可以在画面上添加相关元素予以点缀,或在动画动作上予以凸显。下图仅供参考。 **2.情景动画制作** 本项目情景动画制作部分,主要是通过角色的表情、动作和场景变化,来展示四大情境下学生的思想行为。一般按照由宏观到微观的顺序即,"场景"—"动作"—"表情"来制作,此处以情境四为例描述其制作方法,其他情景类似。 首先,据脚本情景四的画面描述可以制作 3 个镜头(场景)切换的动画,包括老师中景、教室全景和皮皮与同桌中景(如下图所示)。 其次,为 3 个镜头制作对应的动画,包括教师中景镜头下"老师提问抬手"的动画,教室全景镜头下"学生举手""学生起身回答""皮皮生气抖动身体"的动画,皮皮与同桌中景下"皮皮聊天手势""同学点头"等动画。 最后,制作各景别下各个角色的相关表情动画,重点制作皮皮生气的表情,可以通过"眉毛凸起""眼睛睁大""嘴巴翘起"的变化来凸显(如下图所示)。	依据脚本内容及平面内容,运用转场效果及镜头的切换制作动画,人物动作流畅,没有穿帮、跳帧等问题。 在人物说话时,可适当增加人物肢体动作,以丰富动画。

序号	关键步骤	实 施 要 点	注意事项
5	动画制作	 　　在制作情景动画时,需要注意镜头、动作、表情与配音的准确搭配,使得动画情景更加生动。如,在开始播放皮皮配音"我一定要让老师关注到我"时,迅速使用推的镜头,突出皮皮在课堂上的动作表现。然后,再切老师的镜头,用肢体语言表现出老师的无奈。最后,再根据配音加上符合规范的字幕。 　　**3. 转场动画制作** 　　各场景转换之间,需要制作合适的转场动画,让动画更加流畅生动。在制作时可以结合前后画面的颜色、元素或主题等特点,制作细微型、温和型或华丽型的转场效果。此外,在同一场景下"全景""中景""近景""特写"之间,可以制作局部放大缩小的转场动画,使动画更加流畅自然。 　　**4. 交互动画制作** 　　本动画的交互制作主要包括两个部分:一是引导学生选择思想行为情景;二是让学生判断思想行为的对错。 　　根据脚本要求,在情景选择部分需要制作"依次闪动四个情景"的动画,并搭配语音引导学生选择对应场景。当用户将鼠标放上和离开情景画面时,可以制作一个缩略图的放大和缩小动画效果,并搭配相关音效。以下情景选择画面仅供参考。 　　此外,在行为判断部分需要制作以下动画:"出现闪动的勾与叉"的动画、判断正确后的"选项定格"动画、诠释正确行为的文字出现的动画,以及对应的语音及音效。 　　**5. 字幕制作** 　　首先,制作字幕时需要仔细查看哪些内容需要制作字幕,如是	

序号	关键步骤	实 施 要 点	注意事项
5	动画制作	角色配音、画外音,还是两者都需要制作。其次,要明确字幕制作的要求与规范,如字幕的字体、字号、描边以及是否需要加衬底等。 　　在本项目中,根据字幕制作规范选择的字体为方正卡通简体,字号为 50 磅,不带描边带衬底,白色透明。参考样式如下图所示。 	
6	交互开发	**1. 开发环境准备** 　　交互开发人员前期需要安装好 Web 端 HTML5 开发软件 Hbuilder,以及动画开发软件 Animate,并熟悉 Animate 软件的基本编辑功能。注意所安装的 Animate 软件版本号应不低于动画制作人员所使用的版本。 **2. 交互素材准备** 　　准备好动画交互所需要的素材,创建对应的文件夹并将素材放入其中。相关规范可参考前文技术规范。 **3. 交互代码开发** 　　① 定义视频播放相关变量和方法;调用库文件的 Videoplayer 方法,并向其中传入 url 路径参数、内容 div 包、宽度和高度、封面页等信息。重点注意定义情景行为的题目序号和判断正误的数组,设置五次行为判断的对错值,0 代表错误,1 代表正确。参看下图中 currentS＝0,Ansarray＝【0,1,0,1,0】数组。 ```\n(function(global) {\n var cjs = createjs || {};\n var utils = cjs.utils;\n var exportRoot;\n var stage;\n\n var btnPlay, txtCurrent, txtDuration, progressBar, time;\n var vLen = 730.5;\n var doMc1, doMc2, btnBack, tip, btnTip, btnW, btnR;\n var pauseVideoFrame = [284, 510, 874, 1238, 1556];\n var startVideoFrame = [0, 287, 615, 1045, 1334];\n var totalFrame = 1682;\n var btnArray = [];\n var currentS = 0;\n var ansArray = [0, 1, 0, 1, 0];\n var isEnter = false;\n var backM;\n var isFirst = true;\n``` 	在交互功能开发前,动画设计人员需向交互开发人员提供完整的项目源文件,须包括各类交互元素图片、动画效果、响应音效等文件。

序号	关键步骤	实　施　要　点	注意事项
6	交互开发	② 使用 init（）主方法定义页面内元素、主方法函数加载方式等。 ③ 使用 handlecontrol 主方法，定义页面内所有点击按钮的方法，并调用 createjs-utils.js 库文件内封装的点击事件方法。 ④ 编写 enterdo 方法，用来控制视频的播放（如下图所示）。isenter 用来判断视频是否处在播放的状态，curframe 变量用来把视频转化为帧数，pos 则是视频应该暂停的时间（帧数），两者通过 if else 的判断方法来实现视频的暂停与播放；暂停的时候 domc 所对应的交互页面 visible 就是 true。 ④ 编写 handlecontrols（）主方法，实现视频的播放、暂停、拖动进度、返回等功能。其中重点在于使用 tick 方法是给舞台添加一个循环事件，以随时监听用户的交互指令，并去执行对应的指的方法 enterDo（）。 ⑥ 编写 ForEach，实现交互动画中情景选择功能（如下图所示）。Percent 为定义的视频暂停帧转化为百分比的变量，setVideoProgressPercent 方法是进度条的进度，seektopercent 是让视频跳到对应视频节点的方法；videoplay.play（）为视频播放方法。 ⑦ 编写 utils.on(btnW)和 utils.on(btnR)方法，检测四大情景动画中用户对于行为判断的交互行为（选择√或者×），并在里面通过 if else 判断当前序号行为对应的答案是正确还是错误，需说明的是 Ansarray 数字对应的是序号的值（如下图所示）。	

```
function enterDo() {
    if(!isEnter) return;
    var curFrame = Math.round(totalFrame * (videoPlayer.player.currentTime / videoPlayer.player.duration));
    var pos = pauseVideoFrame.indexOf(curFrame);
    if(pos == 0) {
        videoPlayer.pause();
        btnPlay.gotoAndStop(1);
        doMc1.visible = true;
        isEnter = false;
    }
    else if(pos > 0) {
        currentS = pos;
        videoPlayer.pause();
        btnPlay.gotoAndStop(1);
        btnW.gotoAndStop(0);
        btnR.gotoAndStop(0);
        doMc2.visible = true;
        isEnter = false;
    }
}
```

```
btnArray.forEach(function(curB, i) {
    curB.num = i + 1;
    curB.cursor = "pointer";
    utils.on(curB, 'click', function(e) {
        currentS = curB.num;
        var percent = startVideoFrame[currentS] / totalFrame;
        setVideoProgressPercent(percent);
        videoPlayer.seekToPercent(percent);
        isEnter = true;
        videoPlayer.play();
        btnPlay.gotoAndStop(0);
        btnBack.visible = true;
        doMc1.visible = false;
    });
});
```

续　表

序号	关键步骤	实　施　要　点	注意事项
6	交互开发	```utils.on(btnW, 'click', function(e) {
btnW.gotoAndStop(1);
btnR.gotoAndStop(1);
if(ansArray[currentS] == 0){
btnW.gotoAndStop(3);
btnW.right.gotoAndPlay(0);
audioPlayer.playAudioCallback("sounds/right.mp3", function(){
videoPlayer.play();
btnPlay.gotoAndStop(0);
doMc2.visible = false;
setTimeout(function(){
isEnter = true;
}, 2000);
}, true);
}
else{
audioPlayer.playAudio("sounds/wrong.mp3");
btnW.gotoAndStop(2);
btnW.wrong.gotoAndPlay(0);
setTimeout(function(){
btnW.gotoAndStop(0);
btnR.gotoAndStop(0);
}, 600);
}
});```	
7	审核修订	HTML5交互动画制作完成后,还需进行仔细地审核,包括检查检查页面元素有无缺漏多余,动画有无跳帧、漏帧,交互响应是否迅速等。经修改确认无误后,才能交付。	

(三) 实训任务

严格按照实训要求中的标准和规范,参照实训案例中的操作步骤,完成下面的实训任务。

1. 任务内容

参照《这样做好吗》的脚本内容,使用对应的素材制作"在教室中追逐打闹""在楼梯口比赛""室外伸展活动"三个情景动画,并开发"点击进入情景""判断行为对错"的交互效果,最终输出对应的HTML交互课程。

2. 素材清单

在开始实训任务前,请在任课教师的指导下,下载对应素材。

素 材 类 型	包 含 内 容
脚本	《这样做好吗?》脚本
素材包	平面、音频、代码

3. 成品欣赏

完成实训任务后,请在任课教师的指导下,下载并欣赏此任务对应的项目成品效果。

（四）实训评价

根据下方评价标准,给自己的实训成果进行打分,每项 10 分,总分 100 分。

序号	评价内容	评 价 标 准	分数
1	平面设计	角色设计是否符合小学生体型及外貌形象	
2		场景设计是否符合现实中小学校的特点	
3		道具设计是否符合实物的比例和特点	
4		画面排版布局是否合理美观	
5	动画设计	角色动作是否协调或存在穿帮现象	
6		镜头场景过渡是否自然或存在错位现象	
7		角色表情动作是否与配音同步	
8	交互开发	单击、双击、滑动等交互操作是否流畅	
9		长时间反复交互使用时是否稳定	
10		是否可以在微信、QQ、浏览器以及手机、电脑上跨平台、跨终端运行	
总体评价			

（五）实训总结

遇到的问题 列举在实训任务中所遇到的问题,最多不超过 3 个
解决的办法 实训过程中针对上述问题,所采取的解决办法

个人心得
项目实训过程中所获得的知识、技能或经验

《电路原理》多媒体电子书制作项目

一、项目介绍

（一）项目描述

某大学出版社拟为高等教育教材《电路原理》开发配套的电子书，希望通过丰富的图文、生动的动态效果，让学习者对理论知识有更加直观地了解，并通过可交互操作的习题训练，对学习者的学习效果进行检测。本项目选取电子书的《电容元件》部分内容进行制作介绍，内容包括电容器的诞生、电容器的工作原理等。

（二）基本要求

电子书整体风格要体现理工科目的特点，结构清晰明了、版面简约大方；同时也要符合高等学校学生的接受特点，稳重而不沉闷。由于本书包含大量电容物理学知识，因此要求专业符号公式准确无误，原理动态图尽量参照书籍原图进行制作，动态效果符合知识点的原理。最终成品电子书建议在 20 页左右，输出的格式为 Diibee 软件的 dbz 格式。

（三）作品形式

本书整体上采用 PPT 课件形式，需包含封面、目录、正文等部分。正文页主要由文字、图片和动态效果图组成，此部分可根据需要添加交互按钮元素，点击按钮后能弹出隐藏内页，并对知识点的原理进行细致地讲解。讲解完成后，设置交互练习题，并通过点击的方式给出相应的答案与解题分析。电子书封面效果如下图所示。

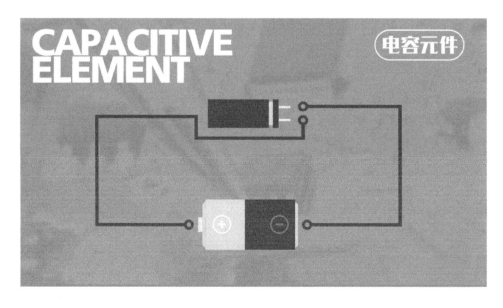

二、项目实训

基于上述客户真实的项目需求,归纳项目实施过程中的基本要求、标准规范和实施步骤,挑选其中典型的课程设计对应的实训活动。

(一) 实训要求

1. 制作要求

(1) 总体要求

① 本项目属于数字教育行业,在项目实施中要注重教育行业的特色。

② 本项目内容属于理工类范畴,在整体结构和风格设计上需要体现理性、严谨的学科特点。

③ 由于本项目成果面向的对象是高等院校的学生,因此在平面设计、动画效果制作和交互设计过程中需要考虑青年学生的喜好和习惯特点。

(2) 平面设计要求

① 整体平面风格要简洁大方、层次分明,能清晰、有效地突出教学重点,切勿过于花哨。

② 根据排版规则,在脚本内容的基础上对图片、文字等各元素合理布局和美化,以呈现出良好的视觉体验。

③ 交互按钮样式含义要明确,大小适中,位置醒目,方便学生查看与辨认。

(3) 电子书制作要求

① 电子书包含封面、目录、知识点、练习题,内容顺序上需严格按照脚本顺序。

② 知识点的标题和正文内容需准确无误,避免出现内容不匹配的情况。

③ 动态效果和交互效果需多样化,但注意相似操作要保持一致,避免产生视觉体验上的杂乱。

(4) 其他要求

① 此项目中所需的平面元素如来自网络搜集,应尽量选择版权免费的。

② 实训过程中,需要各位同学互相配合完成的任务,同学们可自行结成任务小组并推出组长,各同学通力合作共同完成实训任务。需要各位同学独立完成的,则严格要求自行独立完成,不可进行抄袭、借用等行为。

③ 各位学生需在规定课堂时间内完成实训任务,课堂时间完不成则自行在课外完成,并最终在规定时间内提交实训作品。

2. 技术规范

(1) 源文件规范

平面大小:1 280×720 像素,分辨率不高于 72。

平面保存格式:psd。

电子书分辨率：1 280×720 像素，方向为横向。

电子书保存格式：dbz 格式。

电子书页数：20 页左右，最多不超过 25 页。

（2）平面制作规范

1）基本要求

① 专业知识图片（如元件、电路等）需要在脚本的基础上进行美化或绘制，但要确保清晰、准确。

② 文字内容需与脚本一致，保证绝对的准确性，切勿出现错别字的情况。

③ 同一页面中若有不同段落放于页面不同位置时，同排于左右的段落需上对齐，同排于上下的段落需左对齐。

2）标题栏样式

① 目录标题栏文字样式：字号为 60～90 像素，字体为微软雅黑。

② 同一级别的标题，字号、字体、样式要相互保持统一，要求如下：字号为 30～55 像素，字体为微软雅黑。

③ 习题标题栏文字样式：字号为 30～55 像素，字体为微软雅黑。

3）正文样式

① 字号为 28～35 像素，字体：微软雅黑，行间距根据文字数量调整，以 1.2～1.5 为宜。

② 对于多行文字，需要首行缩进 2 字符。

4）原理动画设计要求

① 原理动画设计所需的图片脚本中已经提供，但要在此基础上进行美化或重绘，在保证清晰、准确的同时，做到画风、色彩与整体设计风格一致。

② 对于需强调的内容，可用框线进行标注，以起到强调作用。

5）按钮设计要求

① 根据脚本要求，要设计有辨识度、含义明确的交互按钮，如图片按钮、查看按钮、关闭按钮、滑动按钮等。

② 相似的功能要使用同一个按钮，避免使用者产生迷惑。

6）底框设计要求

底框需做暗色处理，左下角为目录按钮。

7）排版布局要求

① 整体排版风格需保持统一，避免出现风格混搭的情况。

② 相同的标题栏文字、按钮等需保证位置固定，不要出现位置错乱的情况。

③ 排版的内容顺序需与脚本顺序对应，切勿出现内容缺少或内容顺序错误的情况。

④ 页面要避免出现内容过多或者全是文字的情况，以防止因元素拥挤而造成的视觉疲劳（特殊情况另做要求）。

（3）电子书制作规范

1）框架布局要求

① 页面布局分为：导航栏、内容栏、底框栏。

② 内容层包含电容概述；电容器的诞生；电容器的工作原理；电容值；应用实例；电容元件；电容的 VCR；仿真演示：电容的 VCR 波形；实际电容器；练习题。

③ 根据脚本内容，设计蒙版遮罩。

2）交互效果要求

① 交互效果的呈现需根据知识点的内容来设计，对于原理动画需要呈现动态的变化过程，以便于理解。

② 动画包含平移、缩放、透明度等效果，交互包括单击、滑动等动作事件，在使用软件制作时，可结合知识点的类型，灵活选取合适的效果，做到动画流畅、多样。

③ 涉及多张图片切换、放大效果时，需注意图片的大小、位置等，避免出现多张图片切换大小不一致、位置错乱的情况。

④ 查看按钮、点击按钮、关闭按钮均需留意功能是否有效，要避免出现点击无反馈的状态。

（二）实训案例

1. 案例脚本

学科（教材）	《电路原理》	标题	电容元件
资源格式	DB 电子书	建议页数	20 页左右
资源设计具体描述			

编号	页面内容（图片仅供参考）	页 面 效 果
1	电容元件	本章节的封面页，需要进行标题设计。
2	**目录** 电容概述 电容器的诞生 电容器的工作原理 电容器的电容值 应用实例：电容式接近开关 电容元件 电容的 VCR 仿真演示：电容的 VCR 波形 实际电容器 练习题	此页为目录，总体说明本节知识点构成。 交互说明： 点击知识点条目，可以跳转到相应内容的页面。

	资源设计具体描述	
编号	页面内容（图片仅供参考）	页面效果
3	**电容概述** 　　电容,也称为电容器,是一种能够储存电荷的容器。电容是电子设备中最基础也是最重要的电子元件之一,广泛应用于各类电子设备中,小到闪存盘、数码相机,大到航天飞机、火箭,都可以见到电容的身影。  **图片 1　电容器件** 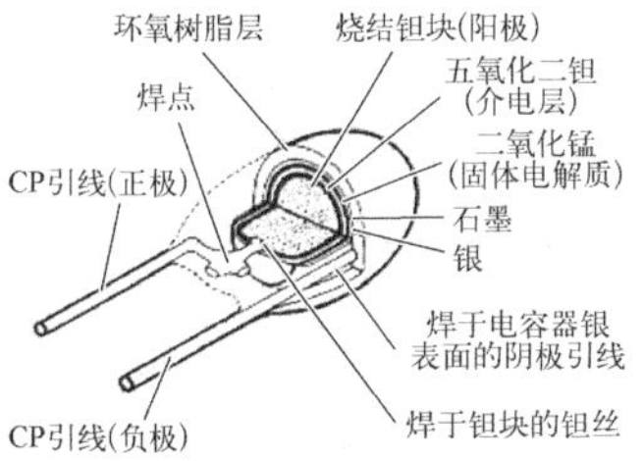 **图片 2　钽电解电容器的结构**	此页开始为内容页。内容页下方需要设置底框栏,点击可返回目录。 **图片 1 交互说明:** 　　点击查看图片按钮,展示一个实际电容器件(参考图片 1)。 **图片 2 交互说明:** 　　结构说明的文字首先隐藏。点击查看按钮后,说明文字出现。
4	**电容器的诞生** 　　1746 年,荷兰物理学家马森布罗克发明了可以收集电荷的"莱顿瓶",他发现把带电体放在玻璃瓶内可以把电保存下来。  **图片 3　马森布罗克实验**	**图片 3 动画、交互说明:** 　　① 点击图片 3,图中的圆球转动起来,电从圆球上传输到水瓶里存储起来。 　　② 同时,括号内的说明性文字出现,配合演示。

	资源设计具体描述	
编号	页面内容(图片仅供参考)	页面效果
4	（18 世纪初,人们已经知道如何摩擦起电,但好不容易起的电往往在空气中逐渐消失,为了寻找一种保存电的方法,马森布罗克试图将电荷储存在装水的瓶子里。 　　他将一根铁棒用两根绳子悬挂在空中,铁棒的一端与起电机相连,起电机实际上是一个绕轴旋转的玻璃球,当它与人手摩擦就带电了,铁棒的另一端用一根铜线引出,浸在一个盛有水的玻璃瓶中,然后开始实验。 　　他让助手摇起电机,自己用右手托住水瓶,并用另一只手去碰铁棒,这时他的手臂与身体产生一种无法形容的恐怖感觉,"好像受了一次雷击一样"。在今天看来,这其实是一次电容放电的效果。） 图片 4　改进后的"莱顿瓶" 　　（图中是改进后的"莱顿瓶",它是将玻璃瓶的内壁与外壁都贴上金属箔,并在顶盖上插一根金属棒,金属棒的上端接一个金属球,下端通过金属链与内壁相连。 　　若把它的外壁接地,把金属球连接到电荷源上,则在"莱顿瓶"的内壁与外壁之间会积聚起相当多的电荷。当"莱顿瓶"放电时可以通过相当大的电流。） 　　"莱顿瓶"的发明,为科学界提供了一种贮存电的有效方法,并由此开始了人类使用电容器的历史。	**图片 4 交互说明:** ① 各个结构说明的文字首先隐藏。点击查看按钮后,说明文字出现。 ② 同时,括号内的说明性文字出现,配合演示。
5	**电容器的工作原理** 　　电容器,顾名思义,是能够储存电荷的容器。后来人们通过研究发现,由两块用绝缘介质隔开的金属极板就可以构成电容器,而并不一定要做成像"莱顿瓶"那样的装置。	

133

资源设计具体描述		
编号	页面内容(图片仅供参考)	页　面　效　果
5	 图片5　电容器工作原理 （电容的容值用大写字母 C 来表示,当外加一个电源的时候,在电场力的作用下,自由电子就会定向运动形成电流,由于绝缘介质的阻隔,就会在电容器的两个极板上聚集等量的异号电荷,形成电场,聚集的电荷用 q 来表示,这个过程称为充电,当电容充满后,两端的电压将等于电源电压 U。如果撤去电源,由于没有了导电通道,板上的电荷将长久地聚集下去,所以电容器是一种能够储存电场能量的器件。）	**图片5动画说明:** ① 页面开始只显示电容器和字母"C"。 ② 然后出现电池和"＋、－、U"。 ③ 然后出现字母"I"与红色箭头,箭头向左闪动。 ④ 接着电容器两侧出现"＋、－"符号。 ⑤ 最后出现字母"Q"和黄色箭头。 **图片5交互说明:** 点击查看按钮,括号内的说明性文字出现,配合演示。
6	**电容器的电容值** 　　实验表明,电容器的电容值 C 由电容器本身的结构决定,与电容器带电量的多少和外加电压的大小无关。 　　以最常用的平板电容器为例,电容值 C 的计算公式为: $C = \dfrac{\varepsilon S}{d}$ 图片6 （其中 ε 为极板间介质的介电常数,S 为极板的面积,d 为两极板的距离。也就是说,电容的电容值 C 与极板面积和介质的介电常数成正比,与极板距离成反比。） 图片7　变极距型	**图片6交互说明:** ① 点击查看按钮,括号内的说明性文字出现,配合演示。 ② 再次点击,出现图片7、8、9的动画演示。 **图片7动画说明:** 上下两极板间距加宽、缩短,不断变化。

	资源设计具体描述	
编号	页面内容（图片仅供参考）	页 面 效 果
6	变面积型电容传感器 1 固定极板　2 动极板 **图片 8　变面积型** **图片 9　变介电常数型** 通过这个公式，人们发现了电容的一类非常重要的应用：电容式传感器。	**图片 8 动画说明：** 先是下方极板的左边搭上上方极板的左边，再是下方极板的右边搭上上方极板的右边，不断变化。 **图片 9 动画说明：** 管内液体部分左低右高，左高右低，不断变化。
7	**应用实例：电容式接近开关** 日常生活中使用的许多电器都有机械式的开关，如手电筒开关，通过推、拉、滑动引起两片金属导体接触，使得电路导通。这种接触式的开关有一个最大的缺点，即由于金属弹片的频繁接触，时间久了，开关就容易氧化，接触不良。 **图片 10**	**图片 10 动画、交互说明：** ① 点击手电筒的开关，演示金属弹片接触的动画，手电筒发光。 ② 再次点击，金属弹片断开接触，手电筒光源消失。

	资源设计具体描述	
编号	页面内容(图片仅供参考)	页 面 效 果
7	因此,人们为了增加产品的安全性和可靠性,就设计了一种非接触式的开关,称为接近开关。常见的电梯按钮就是一种电容式的接近开关。电梯按钮接近开关是以电容元件为基础,触摸电容性接近开关时,电容的容量发生变化,从而引起电压变化,形成开关。 图片 11 图片 12	**图片 11 与图片 12 动画、交互说明:** ① 点击图片 11 中的向上按钮,该按钮变色,演示金属弹片接触的动画,电梯门(参考图片 12)关上,电梯上升。 ② 点击图片 11 中的向下按钮,该按钮变色,演示金属弹片接触的动画,电梯门(参考图片 12)关上,电梯下降。
8	**电容元件** 实际电容器由于存在介质损耗和漏电流等因素,相对比较复杂,为了分析简便,故将其进行理想化的抽象,得到电容元件。 C 图片 13-1 C　Q $+$　U　$-$ 图片 13-2　电容元件的逻辑符号 (以通常所讨论的线性时不变电容元件为例,电容的元件特性可以用 Q-U 平面上一条过原点的直线来描述,即 $Q=CU$。)	**图片 13 交互说明:** 点击查看按钮,图片 13-1 变为图片 13-2,同时括号内的说明性文字出现,配合演示。

资源设计具体描述		
编号	页面内容(图片仅供参考)	页 面 效 果
8	 **图片 14　库伏特性** (式中 $C = \dfrac{Q}{U}$ 为正值常数,是这个直线方程的斜率,称为电容。 　电容的单位为法拉,简称法,符号为 F。常用电容是以 pF 和 uF 为单位。)	**图片 14 交互说明:** 　点击查看按钮,括号内的说明性文字出现。
9	**电容的 VCR** 　虽然电容是根据 Q-U 关系来定义的,但在电路分析中人们更感兴趣的往往是元件的 VCR,即元件的电压电流关系。 　当电容上的电压 U 和电流 i 取关联的参考方向时,满足:$I = C\dfrac{\mathrm{d}U}{\mathrm{d}t}$ 或者 $U = \dfrac{1}{C}\displaystyle\int_{-\infty}^{t} I(\xi)d\xi$ **图片 15** 说明文字 1:直流和交流电时电容状态 　表明电流和电压的变化率成正比。当电容上电压变化很快时(交流),电流很大。当电压不变时(直流),电流为零。故电容在交流时相当于短路,直流时相当于开路,有通交流隔直流的作用。 说明文字 2:电容对电流的记忆作用 　表明电容上的电压取决于电流在时间上的积分,即电容对电流具有记忆作用。因此,电容元件是一种"记忆"元件。	**图片 15 动画、交互说明:** ① 画面呈现在电容两端分别加直流和交流时,电容断路和通路的状态的演示动画。同时说明文字 1 出现。 ② 点击查看按钮,出现电容对电流的记忆作用的演示动画。同时说明文字 2 出现。
10	**仿真实验演示:电容的 VCR 波形** 步骤 1:选择输入电压信号波形:直流/正弦交流。 直流:$U_s = 10$ V	**交互说明:** 步骤 1: ① 页面上出现直流和正弦交流的选项,学生可自由选择波形。

资源设计具体描述		
编号	页面内容(图片仅供参考)	页 面 效 果
10	 图 16 正弦交流:$U_s = \sin(3.14 \times 10^6\,t)\,\text{V}$ 图 17 步骤 2:观看电容上电压、电流波形。 图 18 图 19	② 选择直流时,出现 $U_s = 10\,\text{V}$ 和图片 16,并出现文字"观看电容上电压、电流波形"。 ③ 选择正弦交流时,出现 $U_s = \sin(3.14 \times 10^6\,t)\,\text{V}$ 和图片 17,并出现文字"观看电容上电压、电流波形"。 步骤 2: ① 在选择"直流"的情况下,点击"观看电容上电压、电流波形",出现图片 18。 ② 在选择"正弦交流"的情况下,点击"观看电容上电压、电流波形",出现图片 19。
11	**实际电容器** 　　电容是电子设备中大量使用的电子元件之一,广泛应用于隔直、耦合、旁路、滤波、调谐回路、能量转换和控制电路等方面。 　　电容按照结构分类,可以分为:固定电容器、可变电容器和微调电容器。 　　按电解质分类,可以分为:有机介质电容器、无机介质电容器、电解电容器和空气介质电容器等。	**交互说明:** 　　设置一个元件展示架,可以采用点击的形式选择电容器类型,从而显示元件实物图片和特性功能描述。

资源设计具体描述		
编号	页面内容（图片仅供参考）	页 面 效 果
11	电容的主要参数：标称电容量和允许误差、耐压值。 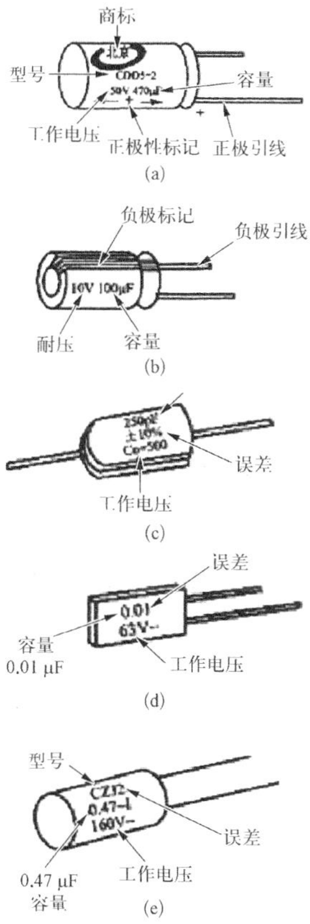 图 20	交互说明： 　点击各个电容的图片，分别显示图形元件的标识。
12	**练习题-例题 1** 　题目：电路如图所示，已知电源波形，试求电流 $I(t)$、功率 $p(t)$ 和储能 $w(t)$。 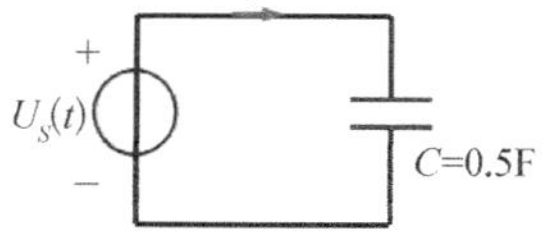 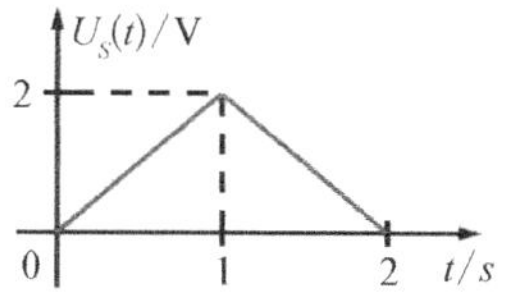 	交互说明： 　① 先展示题目和电路图。 　② 然后出现知识要点分析。 　③ 点击出现具体求解步骤。步骤一次只出现一步，再滑动或拖拽出现下一步。

139

资源设计具体描述		
编号	页面内容(图片仅供参考)	页 面 效 果
12	知识要点分析:考察电容元件的 VCR,功率和储能的计算。 　　分析步骤: 　　步骤 1:写出电源波形的函数表达式。 $$U_s(t) = \begin{cases} 2t & 0 \leqslant t < 1 \\ -2t+4 & 1 \leqslant t < 2 \end{cases}$$ 　　步骤 2:根据电容元件的 VCR,求解电流 $I(t)$,并绘制波形。 $$I(t) = C\frac{\mathrm{d}U_s}{\mathrm{d}t} = \begin{cases} 1 & 0 \leqslant t < 1 \\ -1 & 1 \leqslant t < 2 \end{cases}$$ (波形图:$I(t)/\mathrm{A}$) 　　步骤 3:根据功率的计算公式,求解功率 $p(t)$,并绘制波形。 $$p(t) = U_s(t)I(t) = \begin{cases} 2t & 0 \leqslant t < 1 \\ 2t-4 & 1 \leqslant t < 2 \end{cases}$$ (波形图:$p(t)/\mathrm{W}$,吸收功率,提供功率) 　　步骤 4:根据储能的计算公式,求解储能 $w(t)$,并绘制波形。 $$w(t) = \frac{1}{2}CU_s^2 = \begin{cases} t^2 & 0 \leqslant t < 1 \\ (t-2)^2 & 1 \leqslant t < 2 \end{cases}$$ (波形图:$w(t)/\mathrm{J}$)	

资源设计具体描述		
编号	页面内容(图片仅供参考)	页 面 效 果
12	**练习题-例题 2** 题目：电路如图所示,试求 ab 端口等效电容 C 的值。 知识要点分析：考察电容元件的串联和并联联接。 **分析步骤:** 电容的串、并联具有和电导(电阻的倒数)相似的特性,电容越串越小,越并越大。同样,也具有和电导相似的分压、分流关系。 步骤 1：首先根据电容串、并联关系求解 C_1。 $$C_1 = 3 + \frac{4 \times 12}{4 + 12} = 6\,\mu\mathrm{F}$$ 步骤 2：求解 ab 端口等效电容 C。 $$C = \frac{12 \times C_1}{12 + C_1} = \frac{12 \times 6}{12 + 6} = 4\,\mu\mathrm{F}$$	**交互说明:** ① 先展示题目和电路图。 ② 然后出现知识点分析。 ③ 点击出现具体求解步骤。步骤一次只出现一步,再滑动或拖拽出现下一步。
	练习题-自测题 1 题目：电路如图所示,已知加在电容元件上的电压 $U(t) = 380\sin(314t)\mathrm{V}$,电流 $I(t) = 0.7\sin(314t + 90°)$A,则电容 C 的值为(B)。 A. 0.587 F　　　　　B. 5.87 $\mu\mathrm{F}$ C. 1.84 mF　　　　　D. 1.5 $\mu\mathrm{F}$ 解答：本题考察电容元件 VCR 公式的灵活运用。	**交互说明:** ① 先展示题目和电路图。 ② 点击选项出现解答。

资源设计具体描述		
编号	页面内容(图片仅供参考)	页 面 效 果

解 1：运用电容元件 VCR 公式，可得

$$I = C\frac{dU}{dt} \Rightarrow C = \frac{I}{\frac{dU}{dt}} = \frac{0.7\sin(314t+90°)}{380 \times 314\cos(314t)}$$

$$= \frac{0.7\sin(314t+90°)}{380 \times 314\sin(314t+90°)} = 5.87\ \mu F$$

解 2：运用相量形式的电容元件 VCR 公式，可得

$$\dot{U} = \frac{1}{j\omega C}\dot{I} \Rightarrow C = \frac{\dot{I}}{j\omega\dot{U}} = \frac{0.7\angle 90°}{j314 \times 380\angle 0°} = 5.87\ \mu F$$

练习题-自测题 2
题目：电路如图所示，则电容 C_1 的值为(A)。

+
24 V　　+　　C_1
　　　6 V　　12 μF
−　　　−

A. 4 μF　　B. 3 μF　　C. 3 μF　　D. 8 μF

解答：本题考察电容元件的串联分压性质。
运用电容元件串联分压公式，可得

$$6 = \frac{C_1}{C_1 + 12} \times 24 \Rightarrow C_1 = 4\ \mu F$$

交互说明：
① 先展示题目和电路图。
② 点击选项出现解答。

编号 12

练习题-自测题 3
题目：将耐压 25 V，电容量为 10 μF 的电容和耐压 50 V，电容量为 20 μF 的电容串联时，能加在两端的最大电压为(D)。

+　　+
　　U_1　10 μF
U　　−
　　+
　　U_2　20 μF
−　　−

解答：本题考察电容元件的串联分压性质和耐压值。由题意，分析电路如图所示。根据电容元件的串联分压性质和耐压值要求，可得

交互说明：
① 先展示题目和电路图。
② 点击选项出现解答。

资源设计具体描述		
编号	页面内容(图片仅供参考)	页 面 效 果
12	$U_1 = \dfrac{20}{10+20}U \leqslant 25 \quad \Rightarrow \quad U \leqslant 37.5 \text{ V}$ $U_2 = \dfrac{10}{10+20}U \leqslant 50 \quad \Rightarrow \quad U \leqslant 150 \text{ V}$ 因而,能加在两端的最大电压不能超过 37.5 V。	

2. 实施步骤

序号	关键步骤	实 施 要 点	注意事项
1	脚本研读	**1. 浏览制作信息,明确制作要求** 阅读脚本,了解项目的实施目的、内容与页数等相关信息。在《电容元件》脚本中,明确提出了项目实施目的是为高等院校教材《电路原理》设计制作配套的电子书,内容为"电容元件"的知识点,总共约为 20 页。 **2. 浏览画面说明,明确平面素材** 阅读脚本的页面内容与页面效果说明,明确需要自行设计和绘制的部分。在《电容元件》脚本中,可以总结出,需要为电子书设计封面、目录、内容页的版式;需要对脚本中提供的图片素材进行美化和绘制;需要为涉及交互操作的部分设计交互按钮。 **3. 浏览动画说明,明确动画功能** 阅读脚本中的页面效果说明,了解需要制作的原理动画演示的部分,明确实现动画所需的平面元素、顺序和需要呈现的效果。 **4. 浏览交互说明,明确交互功能** 阅读脚本中的页面效果说明,明确交互的触发时机、触发条件和响应动作等。	
2	素材制作	根据脚本研读的结果,分析并确定:哪些元素可以通过在脚本提供的素材的基础上美化得到,哪些元素需要自己重新绘制。若脚本中提供的图片清晰度尚可,那么只需重新着色即可使用;若有图片和整体风格不一致的、或是放大后也模糊的,则需要重新绘制。 **1. 元器件结构图中素材保存的设计要求** 因本项目涉及许多带有对应文字说明的元器件结构图(如下图所示),且根据交互说明要求,在电子书中大多要求先隐藏文字,点击后出现文字。这就需要在素材制作中,将文字、指示线和图片分图层或单独保存,以方便后期呈现设计师切图并设置图片、文字分开出现的效果。	

序号	关键步骤	实　施　要　点	注意事项
2	素材制作	 **2. 原理动画演示中素材保存的设计要求** 　　因本项目中涉及许多原理的动画演示,所以在制作完素材后,要根据动画说明中的要求,将部分元素分层或单独保存,以方便后期呈现设计师切图。例如,脚本中要求下图中的圆球转动起来,那么在制作时就需要将图中的圆球和圆球周围的金属架分层。 **3. 交互按钮素材设计要求** 　　在交互按钮的设计上,可以从以往的项目中寻找是否有按钮元素可以直接调用或加以修改使用。按钮需要有较高的辨识度,避免使用者产生使用困难。	在 Photoshop 软件中保存图片时,选择"存储为 web 所用格式"选项。如果图片不规则,且背景有透明部分,那么一般选择png 格式;如果是其他普通图片,则选择储存文件小的格式。这样当图片在成品电子书中展现时,加载速度会比较快。
3	平面设计	根据脚本的要求,要在 Photoshop 软件中进行电子书内容的平面设计,以便后期在 Diibee 软件中能够更顺利地进行操作。 **1. 整体版式的设计** 　　① 根据项目制作要求,确定主题颜色和版式风格。主题颜色可根据本项目的学科性质确定,选择1～2个主题颜色,若干个辅助配色。版式力求风格简约,不需要花哨的装饰,要能符合高等院校理工科学生的理性特点和审美需求。 　　② 根据项目制作要求,页面尺寸为 1 280×720 像素,分辨率不超过 72 像素。封面页、目录页根据确定好的主题颜色和风格单独设计。	整本书的设计风格要保持统一,否则会让人产生杂乱的体验感。

序号	关键步骤	实　施　要　点	注意事项
3	平面设计	③ 在正文内容页上进行框架布局。页面分为导航栏、内容栏和底框栏。导航栏中需要确定标题的字号、字体,同一级别标题的样式要保持统一;内容栏的设计可通过参考线来固定正文的留白位置;底框栏需做暗色处理,并包含返回目录的功能按钮。 　**2. 单页图文的排版** ① 在内容页上进行文字和图片排版时,需要遵循基本的排版规则。如,多行的文字的首行缩进格式和行间距的统一;不同段落放置于页面不同位置时的对齐方式;需要强调的内容,可通过不同样式的框线进行设计。 ② 为了避免出现内容过多或全是文字的情况,并防止因元素拥挤而造成视觉疲劳,如果某一页面文字过多,可以将文字做成长图,后期在 Diibee 软件中将其以子页面滚动或拖拽的形式呈现。	在 Photoshop 软件中排版时,单页内容需控制在 2M 以内,整本书内容应尽可能控制在 300M 以内,才能在制作电子书时,在保证清晰度的同时获得较好的用户体验。
4	电子书制作	**1. 素材编排** （1）图片切图 平面设计师在做完设计稿之后,为了呈现更多的效果,呈现设计师需要把设计图分解成切片素材。这可以利用 Photoshop 软件中的切片工具完成,样式可保存为背景透明的 PNG 格式,但单张的切图最长、最宽不得超过 2 048 px,否则将无法导入 Diibee 软件。 （2）新建普通页面 在 Diibee 软件中,新建 1 280×720 的横向画布,进行二次排版。对于一般页面,新建空白页面即可。 （3）新建子页面 首先,对于包含长图的页面需要另外新建页面,并按照长图的尺寸更改子页面大小,放置好长图。然后,在主页面中新建子页面,并将包含长图的页面作为子页面引用到主页面上,选择滚动或拖拽实现长图的预览。 （4）导入和排版 页面建立完成后,便可参考制作好的平面稿件,将图文素材导入,进行二次排版。由于导入的素材数量繁多,因而应当对素材进行细致地命名和分组,以便在动画制作和交互制作时能快速定位。 如"实际电容器"一节,脚本要求用展示架的形式介绍多个电容器元件,这里就可以通过"图片切换"的功能实现图片轮播的效果,如在图片切换属性栏中设置拖拽方向、提示圆点的位置和样式。当然,在练习题例题的解题步骤中,也可采用此功能进行设计。 　**2. 动画制作** 本项目中原理的动画演示虽然比较多,但使用 Diibee 软件中自带的缩放、平移、旋转和透明度的动画制作效果,完全可以满足脚本中所要求的全部动画效果。	平面设计中的呈现效果并非最终效果。在 Diibee 软件中制作电子书时,还需根据实际情况,考虑动画、交互等对页面体验产生的影响,所以制作过程中需要通过预览功能反复修改和调整。

序号	关键步骤	实　施　要　点	注意事项
4	电子书制作	（1）缩放动画 　　表示查看功能的交互按钮,可以设置眨眼的动画效果进行突出强调,以吸引读者的点击。这可以在 Diibee 软件中通过设置循环缩放变换的动画(缩小—放大—缩小)来完成。 （2）旋转动画 　　根据脚本要求,下图中的圆球要转动起来,就可以通过设置循环的旋转变换动画来完成。 （3）透明度动画 　　元件的指示文字从隐藏到出现,可以通过透明度动画(透明度从0%到100%)的设置,来使其过渡效果更为自然而不生硬。 （4）多种动画效果相结合 　　例如,在原理的动画演示中,可以通过箭头不断地伸缩,来表示电流的方向。这在 Diibee 软件中可以通过设置平移变换和缩放变换相结合的循环动画(箭身缩小—放大,箭头平移)来完成。 **3.交互制作** 　　在 Diibee 软件中可以通过设置事件动作来实现交互操作。 　　根据脚本可知,项目中最主要的交互操作是用点击按钮来实现显示或隐藏某项图文。例如,点击下图中表示查看的"眼睛"按钮,会出现元件结构的文字说明。其具体设置方法是:选中"眼睛"按钮作为触发,新建动作事件,弹出动作窗口。在"动作对象"中选择该元件的说明部分,在"动作列表"中选择"设定可见性",在"属性"中选择"显示"。 　　对于点击按钮播放动画的设置,可以通过如下步骤来实现:选中该按钮作为触发,新建动作事件,弹出动作窗口。在"动作对象"中选择"页面",在"动作列表"中选择"播放动画",在"属性"中选择该动画目标。	对原理的动画演示部分,需要根据脚本的描述,深入地了解其相关知识,避免出现不合理的动画效果。 　　在脚本没有明确规定的地方,设计师可以发挥自己的创意使页面视觉效果更为生动、丰富,例如,元素的闪动动画等。

序号	关键步骤	实　施　要　点	注意事项
4	电子书制作	如果某一动作的发生没有特定对象的触发，那么则需在页面启动中添加动作事件。例如，页面中的眼睛图标，要实现在页面一打开就由始至终保持闪烁，则需要在页面启动中添加动作事件。其具体设置方法是：单击该页面，且在没有选定任何素材对象的状态下，新建动作事件，弹出动作窗口。在"动作对象"中选择"页面"，在"动作列表"中选择"播放动画"，在"属性"中选择该动画目标。	
5	审核修订	Diibee 电子书制作完成后，还需进行仔细地审核，包括检查页面顺序是否和脚本内容完全一致，文字和图片元素是否有错漏，原理的动画演示是否流畅，交互的反馈是否准确等。经修改确认无误后，才能交付。	

（三）实训任务

严格按照实训要求中的标准和规范，参照实训案例中的操作步骤，完成下面的实训任务。

1. 任务内容

参照案例《电容元件》的脚本内容和实施步骤，使用相应的平面素材制作该内容，最终输出成 dbz 格式的电子书。

2. 任务素材

在开始实训任务前，请在任课教师的指导下，下载对应素材。

素　材　类　型	包　含　内　容
素材包	平面

3. 成品欣赏

完成实训任务后，请在任课教师的指导下，下载并欣赏此任务对应的项目成品效果。

（四）实训评价

根据下方评价标准，给自己的实训成果进行打分，每项 10 分，总分 100 分。

序号	评价内容	评　价　标　准	分数
1	平面设计	整体风格是否能突出学科特点	
2		图片素材的绘制是否清晰、准确	

序号	评价内容	评价标准	分数
3	平面设计	文字内容、顺序是否与脚本一致无错漏	
4		画面排版布局是否合理美观	
5	电子书设计	电子书框架结构是否完整、分明	
6		内容展示是否重点突出、易于理解	
7		对知识原理动画的演示是否正确无误	
8		单击、滑动、拖拽的反馈和响应是否有效	
9		页面视觉效果是否多样且无破绽	
10		成品运行是否流畅不卡顿	
总体评价			

(五) 实训总结

遇到的问题 列举在实训任务中所遇到的问题,最多不超过 3 个
解决的办法 实训过程中针对上述问题,所采取的解决办法
个人心得 项目实训过程中所获得的知识、技能或经验

案例 13

柴油发动机虚拟仿真课件项目

一、项目介绍

(一) 项目描述

某柴油发动机厂希望基于发动机三维模型,开发出一个用于职工培训的,可以比较完整展现发动机各部件结构、原理和功能,并实现语音交互功能的安卓交互课件。基于客户提供的素材和制作需求,本项目决定在原始工业模型素材的基础上,首先设计出燃油、冷却、润滑等系统部件的三维模型,其次制作描述各部件的三维动画视频,最后使用 Unity 引擎开发对应的语音交互和手动交互功能。

(二) 基本要求

根据客户提供的 PPT 脚本文件,本项目课件主要包括三维动画展示、文字语音讲解和触摸＋语音控制等功能需求。三维动画重点展示系统部件的内部结构和工作原理;文字语音则详细介绍系统的工作原理和主要功能;触摸＋语音控制用于用户与课件的人机交互。最终成果打包为 Android 格式,适用于在 60 寸以上的安卓电视系统上的展示使用。

(三) 作品形式

用户启动系统应用后进入主界面,手指点击"开始学习"按钮或者说出"开始学习"关键词,系统将进入"系统原理"和功能介绍的目录界面,点击按钮或说出关键词进入对应板块,系统自动通过三维动画、语音、文字的形式展示描述课程内容。此外,在目录页面中设置"退出"按钮,在板块介绍中设置"上一页""下一页""返回目录"三大按钮,可以使用手动或者语音的方式进行对应的交互控制。封面效果如下图所示。

二、项目实训

基于上述客户真实的项目需求,归纳项目实施过程中的基本要求、标准规范和实施步骤,对其中典型的课程设计对应的实训活动。

(一) 实训要求

1. 制作要求

(1) 总体要求

① 本项目属于工业制造行业,在制作开发中要注重工业行业特色。

② 由于本项目最终成果面向的对象为成人,因此在界面风格、交互方式上要符合成人习惯。

③ 由于本项目最终应用于安卓大屏电视上,因此在平面设计制作时需要注意对尺寸的合适把握。

(2) 模型设计要求

① 模型设计时可以基于原始工业模型的基础上进行二次创作,FBX 模型转换为数媒模型时可能有一些细节上的损失,需要仔细检查并补足。

② 模型材质贴图要尽可能贴近原始工业模型的特色。

③ 纹理贴图要能比较均匀地映射到三维模型上。

(3) 交互开发要求

① 交互设计要符合日常的行为习惯,语音识别(普通话)准确率要在 95% 以上,触摸操作响应迅速。

② 二维、三维动画展示要流畅自然,无掉帧、卡顿等现象。

③ 系统要稳定,启动或退出的速度要快,且无闪退现象。

(4) 其他要求

① 图片、模型、贴图等素材若来自网络搜集,尽量选择版权免费的,如遇版权不明的,则需及时记录下来。

② 实训过程中,需要各位同学互相配合完成的任务,同学们可自行结成任务小组并推出组长,各同学通力合作共同完成实训任务。需要各位同学独立完成的,则严格要求自行独立完成,不可进行抄袭、借用等行为。

③ 各位学生需在规定课堂时间内完成实训任务,规定时间完不成的则自行在课外完成,并最终在规定时间内提交实训作品。

2. 技术规范

(1) 模型规范

1) 模型位置

全部物体模型最好设定在原点。若没有特定要求,必须以物体对象中心为轴心。

2）面数控制

单个物体控制在 1 000 个三角面,单屏展示的物体总面数应控制在 7 500 个三角面以下,系统全部物体合计不超过 20 000 个三角面。

3）模型优化

合并断开的顶点,移除孤立的顶点,删除多余或者不需要展示的面,能够复制的模型尽量复制,模型绑定之前必须做一次重置变换。

4）模型命名

模型命名不能为中文,且不能重名,建议使用物体通用的英文名称或者汉语拼音命名,以便项目后期的修改。

（2）材质规范

① 材质球命名与物体名称一致,材质球的父子层级的命名必须一致。

② 材质的 ID 号和物体的 ID 号必须一致。

③ 同种贴图必须使用同一个材质球。

④ 贴图不能以中文命名,不能有重名。

⑤ 带 Alpha 通道的贴图要存储为 tga 或者 png 格式,在命名时必须加_al 以示区分。

⑥ 贴图文件尺寸须为 2 的 N 次方(8、16、32、64、128、256、512、1 024)最大尺寸不得超过 2 048×2 048 像素。

⑦ 除必须要使用双面材质表现的物体之外,其他物体不能使用双面材质。

⑧ 若使用 Completemap 烘焙,烘焙完成后则会自己主动产生一个 Shell 材质,必须将 Shell 材质变为 Standard 标准材质,而且通道要一致。否则将不能正确导出贴图。

⑨ 模型通过通道处理时,需要制作带有通道的纹理。在制作树的通道纹理时,最好将透明部分改为树的主色,这样在渲染时才能够保证有效边缘部分的颜色正确。通道纹理在程序渲染时占用的资源比同尺寸的普通纹理要多,通道纹理命名时应以_al 结尾。

（3）Unity VR 制作要求

1）文件命名规范

各文件或文件夹需按照对象名称、类型或功能进行统一规范的英文命名。所有资源原始素材统一使用小写的英文字母命名,并通过下划线"_"来拼接,预设(Prefab)、图集(Atlas)等处理后的资源,则开头以大写的英文字母命名,最终起到清晰明了的作用。

2）文件管理规范

UI、模型、贴图、材质、场景、脚本、预设体等各类型的资源在创建或归档时,需要放入对应的规范命名的文件夹里。

3）程序编写规范

各参数、各函数、各脚本在创建时,可按照对象名称或功能进行英文命名,也可根据需要在代码后面添加注释,以方便后期查找与修改。

（二）实训案例

1. 案例脚本

冷却系统的介绍			
序号	媒 体 效 果	交 互 效 果	解 说 词
1		"开始学习"→进入"目录"页面。	
2		"系统原理"→进入"系统原理"页面；"功能介绍"→进入"功能介绍"页面；"退出"→退出 APP。	
3	出现发动机模型，镜头从发动机模型正面转到冷却系统，发动机模型逐渐呈现透视效果，使冷却系统实体显示出来。	"返回目录"→跳转至目录页；"上一页"→返回至上一页；"下一页"→跳转至下一页。	冷却系统的作用是用冷却液作为吸热介质冷却发动机的高温零件，使发动机在所有工况下都能保持在合适的温度范围内。在防止发动机过热的同时，也要防止冬季发动机过冷，保证其能迅速升温达到工作要求的温度。
4	出现冷却系统旋转的动画，然后匹配解说词，并在发动机周围出现对应的关键字。	"返回目录"→跳转至目录页；"上一页"→返回至上一页；"下一页"→跳转至下一页。	**发动机温度过低的危害：**① 有效功率降低，燃油耗增加；② 燃油蒸发不良，燃油品质变差；③ 润滑油黏度加大，摩擦损失增大；④ 气缸的摩擦损失增大等。**发动机温度过高的危害：**① 润滑油受高温氧化变质；② 零件受热膨胀，结合间隙变小；③ 材料受热改变力学性质，工作性能下降等。
5	配合讲解顺序，依次高亮对应部件，并出现文字标注：水泵、水套、节温器、散热器、风扇、冷却水路。	"返回目录"→跳转至目录页；"上一页"→返回至上一页；"下一页"→跳转至下一页。	4DB1－E6 机型冷却系统为强制循环封闭水冷式，主要由水泵、水套（由机体、缸盖、机油冷却器、EGR 冷却器等零部件内水道组成）、节温器、散热器、风扇及其他冷却水路等组成。

冷却系统的介绍			
序号	媒 体 效 果	交 互 效 果	解 说 词
6	出现冷却系统三维模型图,然后配合讲解顺序,呈现出冷却液小循环的流经过程(注意冷却液用蓝色液体表现)。 画面右侧呈现"如图所示"的关键字。	"返回目录"→跳转至目录页; "上一页"→返回至上一页; "下一页"→跳转至下一页。	冷却系统包括了两种工作循环,即"小循环"和"大循环"。 冷车着车后,发动机在渐渐升温,冷却液的温度还无法打开系统中的节温器,此时的冷却液只是经过水泵在发动机内进行"小循环",目的是使发动机尽快达到正常工作温度。
7	出现冷却系统三维模型图,然后配合讲解顺序,呈现出冷却液大循环的流经过程(注意冷却液用蓝色液体表现)。 画面右侧呈现"如图所示"的关键字。 介绍完毕后镜头返回发动机初始模型位置。	"返回目录"→跳转至目录页; "上一页"→返回至上一页; "下一页"→跳转至下一页。	随着发动机的温度、冷却液温度升到了节温器的开启温度,冷却循环开始了"大循环"。这时候的冷却液从发动机出来,经过车前端的散热器散热后,再经水泵进入发动机。
8		"功能介绍"→进入"功能介绍"页面; "退出"→退出APP。	
9	出现发动机模型,镜头从发动机模型正面转到冷却液,发动机模型逐渐呈现透视效果,冷却液显示出来。 呈现出冷却液在冷却管路中流动的动画,并配上关键字:防冻性、防蚀性、热传导性、不变质。	"返回目录"→跳转至目录页; "上一页"→返回至上一页; "下一页"→跳转至下一页。	冷却液又称防冻液,是由防冻添加剂、防止金属锈蚀添加剂和水组成的液体。它具有防冻性,防蚀性,热传导性和不变质的性能。
10	呈现出冷却液在冷却管路中流动,发动机工作的动画,并配上关键字。 介绍完毕后,镜头返回发动机初始模型位置。	"返回目录"→跳转至目录页; "上一页"→返回至上一页; "下一页"→跳转至下一页。	现在经常使用的防冻液是以乙二醇为主要成分,加有防腐蚀添加剂水的防冻液。冷却液用水最好是软水,可防止发动机水套产生水垢,造成传热受阻,发动机过热。在水中加入防冻剂提高了冷却液的沸点,可起到防止冷却液过早沸腾的附加作用。另外,冷却液中还含有泡沫抑制剂,可以抑制空气在水泵叶轮搅动下产生泡沫,从而阻碍水套壁散热。

冷却系统的介绍			
序号	媒 体 效 果	交 互 效 果	解 说 词
11	出现发动机模型,镜头从发动机模型正面转到节温器,发动机模型逐渐呈现透视效果,节温器显示出来。 然后对节温器使用透视效果,呈现出节温器内部由闭合到完全打开的动画,并配合上冷却液流动变化过程。同时,配上关键字:控制大、小循环。 介绍完毕后,镜头返回发动机初始模型位置。	"返回目录"→跳转至目录页; "上一页"→返回至上一页; "下一页"→跳转至下一页。	节温器的作用是决定走"小循环",还是"大循环"。节温器在83℃后开启,95℃时开度最大。节温器不能正常关闭,会使循环从开始就进入"大循环",这样就造成发动机不能尽快达到或无法达到正常温度;节温器不能开启或开启不灵活,会使冷却液无法经过散热器循环,造成温度过高,或时高时正常的现象。
12	出现发动机模型,镜头从发动机模型正面转到水泵,发动机模型逐渐呈现透视效果,水泵显示出来。 呈现出冷却液经过水泵,流速变快的动画,并配上关键字:加压。 介绍完毕后,镜头返回发动机初始模型位置。	"返回目录"→跳转至目录页; "上一页"→返回至上一页; "下一页"→跳转至下一页。	水泵的作用是对冷却液加压,保证其在冷却系中循环流动。
13	出现发动机模型,镜头从发动机模型正面转到散热器,发动机模型逐渐呈现透视效果,散热器显示出来。 呈现出运转的发动机,冷却液在散热器内部流动,散热器外边有空气流动(注意空气和冷却液可以用蓝色表示,但二者的颜色要有适当的区别)。 然后,镜头再给到高速运转的发动机,其周围匹配上关键字:最高的动力性、经济型和可靠性。 介绍完毕后,镜头返回发动机初始模型位置。	"返回目录"→跳转至目录页; "上一页"→返回至上一页; "下一页"→跳转至下一页。	发动机工作时,冷却液在散热器芯内流动,空气在散热器芯外通过,利用空气与冷却液进行热交换,对冷却液进行冷却,以保证柴油机能始终保持在最适宜的温度状态下工作,以获得最高的动力性、经济性和可靠性。
14	出现发动机模型,镜头从发动机模型正面转到膨胀水箱,发动机模型逐渐呈现透视效果,膨胀水箱显示出来。 呈现出冷却液在管路中受热膨胀和受冷收缩的状态。然后,镜头再给到膨胀水箱,并对其使用高亮的效果。 介绍完毕后,镜头返回发动机初始模型位置。	"返回目录"→跳转至目录页; "上一页"→返回至上一页; "下一页"→跳转至下一页。	膨胀水箱的作用是补充冷却液和缓冲"热胀冷缩"的变化。当冷却液受热膨胀时,可以接受部分冷却液流入,防止溢出;当冷却液受冷收缩时,可对发动机补充冷却液,保证发动机冷却液在任何状况下都能保持充满状态。膨胀水箱应采用全密封、能除气、加压型上盖。

冷却系统的介绍		
序号	媒　体　效　果	交　互　效　果	解　说　词
15	出现发动机模型,镜头从发动机模型正面转到风扇,发动机模型逐渐呈现透视效果,风扇显示出来。 　呈现出高速旋转的风扇使空气吸入至散热器的动画。	"返回目录"→跳转至目录页; "上一页"→返回至上一页; "下一页"→跳转至下一页。	风扇在其旋转时吸进空气使其通过散热器,以增强散热器的散热能力,从而加速冷却。
16	呈现出正在工作的发动机,冷却系统中风扇随着发动机的温度而改变转速。 　介绍完毕后,镜头返回发动机初始模型位置。	"返回目录"→跳转至目录页; "上一页"→返回至上一页; "下一页"→跳转至下一页。	4DB1-E6 机型采用硅油离合风扇,与直连风扇相比,硅油离合风扇可根据发动机工作温度调节风扇转速,降低发动机能耗。

2. 实施步骤

序号	关键步骤	实　施　要　点	注意事项
1	脚本研读	认真阅读脚本的制作要求,提炼重点信息,如信息较多则建议用笔或者文档将关键信息摘录下来以作参考。建模工程师,重点关注模型种类、模型数量、模型风格等相关信息;交互开发工程师,重点关注交互流程、交互信息、交互功能等信息;平面设计工程师,重点关注项目基本需求、课件受众和行业特点。	
2	素材获取	根据脚本研读的结果,各工程师要对所需的素材来源进行分析,并确定:哪些素材可以从以往相似项目中直接调用,哪些素材可在相关网站找到的类似素材并能在修改后使用,哪些素材虽需要自行构思制作,但可以在网络上找类似的平面素材,以辅助自己的构思设计(尤其是三维模型)。	
3	模型制作	**1. 模型局部拆分** 　根据脚本中对于发动机局部零部件展示的需要,对原始的整体发动机的模型还需进行局部的拆分(如下图所示)。首先,选中模型并将其转换成可编辑的多边形。然后,进入点、线、面层级的编辑模式。最后,选中需要拆分的零部件进行分离即可。	

序号	关键步骤	实 施 要 点	注意事项
3	模型制作	**2.为模型添加材质**　根据零部件的材料属性,为发动机各部件添加适合的材质。基于 Vray 5.0 渲染器自带的材质、灯光和渲染样式,为了提升工作效率,从而更快地完成模型的创建与图像的生成,可以下载安装 Vray 5.0 渲染器,并直接使用 Vray 5.0 中的金属材质球,将其添加至材质编辑器中,在此基础上进行微调和应用。　在编辑材质时,材质球的命名要统一格式且容易辨别,以方便与相应的模型对应。发动机添加材质后,最终的效果可参考下图。	
4	动画制作	**1.动画序列帧制作**　(1)动画编辑　根据脚本的需求编辑相应零部件的动画,包括展示发动机各侧视图时的旋转动画、零部件拆解时的位移动画、局部展示时的	

序号	关键步骤	实　施　要　点	注意事项
4	动画制作	显隐动画,以及特殊部件功能展示时的复合动画(如展示活塞功能的骨骼＋约束动画)。 　　动画编辑,主要分为以下四个步骤:首先,点击界面右下角"自动关键点"按钮,开始录制动画。其次,拖动时间轴上的帧滑块,设置动画持续的时间。再次,对动画物体进行旋转、移动、隐藏等操作,设置动画要达成的动作效果。最后,再次点击"自动关键点"按钮结束动画录制。随后,只需点击右下角的"播放"按钮,便可以快速预览前面编辑的动画效果。 　　在动画编辑时,为了达成更好的动画效果,可以打开"图形编辑器"当中的"轨迹视图—曲线编辑器",通过调节/绘制曲线精确控制物体的运动细节,如想要物体"匀速运动"则需将曲线调节为直线。 　　(2) 动画设置 　　点击时间轴下面的"时间设置",设置动画"帧速率"参数(如下图所示)。根据项目需求,选择 PAL 制,修改 FPS 参数使其以 25 帧/秒的格式输出动画。 　　(3) 序列帧输出 　　打开渲染设置窗口,选择 V‑Ray 5 渲染器,根据项目需求确定动画时长输出范围,以及画面大小和格式。然后,勾选"保存文件"并选择存储路径,输出三维动画序列帧(如下图所示)。	

序号	关键步骤	实 施 要 点	注意事项
4	动画制作	 **2. 三维动画视频合成** 　　基于前期制作出的序列帧和提供的配音素材,使用 AE 软件合成视频素材。 　　打开 AE 软件,选择从素材新建合成,选中前期 3Dmax 输出的序列帧,便会自动合成三维动画视频,此时我们只需设置相关参数输出即可使用。如果想要动画更为细腻生动,则可使用 AE 添加合适的效果。	
5	交互开发	**1. 开发环境准备** 　　从 Unity 官网下载项目开发软件,本项目的指定下载安装版本为 2018.1.3f1。首先建议下载安装 Unity 项目管理平台 Hub,然后在官网下载方式中选择"从 Hub 下载"(在下载安装 Hub 软件后需要获取软件授权并修改安装路径为非 C 盘区域)。此外,由于本项目成果需要发布到 Android 平台,还需要安装 JDK 和 SDK 软件。	

序号	关键步骤	实 施 要 点	注意事项
5	交互开发	（1）安装 JDK 软件 安装 JDK 软件时可以选择自己想要安装的盘符，只需把默认安装目录\java 之前的目录修改即可（安装界面如下图所示）。 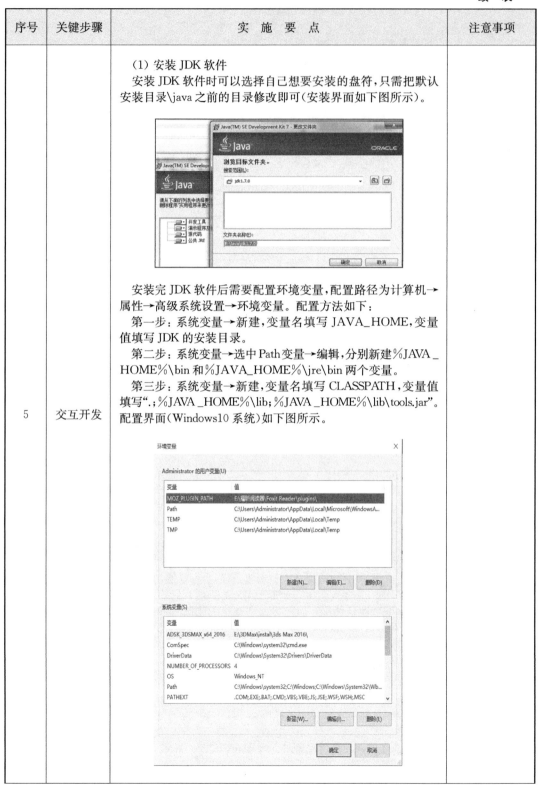 安装完 JDK 软件后需要配置环境变量，配置路径为计算机→属性→高级系统设置→环境变量。配置方法如下： 第一步：系统变量→新建，变量名填写 JAVA_HOME，变量值填写 JDK 的安装目录。 第二步：系统变量→选中 Path 变量→编辑，分别新建%JAVA_HOME%\bin 和%JAVA_HOME%\jre\bin 两个变量。 第三步：系统变量→新建，变量名填写 CLASSPATH，变量值填写".;%JAVA_HOME%\lib;%JAVA_HOME%\lib\tools.jar"。配置界面（Windows10 系统）如下图所示。	

序号	关键步骤	实　施　要　点	注意事项
5	交互开发	检验是否配置成功。运行 cmd 输入 java-version(java 和-version 之间有空格)。若如下图所示显示版本信息,则说明安装和配置成功。 ``` C:\Users\duanmu>java -version java version "1.7.0" Java(TM) SE Runtime Environment (build 1.7.0-b147) Java HotSpot(TM) Client VM (build 21.0-b17, mixed mode, sharing) ``` (2) 安装 SDK 软件 　　SDK 软件的安装很简单,直接将 SDK 这个文件夹放到 Unity 的安装根目录下即可。 　**2. Unity 手动交互开发** 　　(1) 下载 Avprovideo 资源包 　　为了在 Unity 中实现更好的视频播放效果,可以下载一个 Avprovideo 资源包。资源包集合了材质、贴图、脚本等资源,支持 Windows,linux,ios,Android 等多平台万能播放。 　　(2) 导入项目素材 　　创建 Unity 项目工程文件,导入素材包里的模型、语音、平面、视频等素材文件,并将其放入指定文件夹进行管理。复制 Avprovideo 资源包内容至 Assets 目录下,保持与其他资源的平行关系。 　　(3) 创建场景 UI 　　根据脚本规划,依次创建启动页、菜单页、内容介绍页、工作原理页四大场景,在各场景下为其分别创建对应的背景、图片、按钮物体并将其 UI 挂载上去,并调整好各 UI 的位置。 　　值得注意的是,在内容简介页和工作原理页两个场景中的视频播放区域,需要创建一个视频播放空物体,为其添加 Display 组件,并赋予其带有背景贴图的材质。 　　(4) 实现视频播放 　　在内容介绍和工作原理两个场景下,首先创建一个视频播放器物体(选择 AVPro Video-Mediaplayer),将视频定位方式(Video location)修改为 Relative To Streaming Assets Folder 模式,将其视频路径(video path)修改(点击 recent 或 browse 进行修改)为需要播放的视频(在工作原理场景中选择第一需要播放的视频即可),并勾选 Auto Open 和 Auto Start 两个选项。 　　(5) 实现场景交互 　　在 Project 窗口的 Scripts 文件下创建一个 C♯脚本文件,并重命名为 StartManager(名称可以自行拟定,以方便项目开发及后期维护即可),用来控制场景的切换。 　　使用 VS 进行脚本编辑。首先,引用 UnityEngine.SceneManagement 命名空间,以方便后面调用 SceneManagement.LoadScene 方法。 　　然后,分别撰写跳转到目录页、内容页和工作原理页等页面的方法,方法的形式如下图所示。脚本编辑完成后,将其挂载在四个场景的 Main Camera 上。	

序号	关键步骤	实　施　要　点	注意事项
5	交互开发	 　　最后,在启动页选中"开始学习"按钮对象,在 Button 组件的 On Click()方法下新增一个响应事件,将 Main Camera 挂载到物体对象框中,并将功能指定为 StartManager-JumpToIndex()方法。以此方法,分别将目录页内的内容简介按钮、功能介绍按钮、退出按钮,内容简介页和工作原理页内的返回目录按钮指定为对应的场景跳转方法。由此,实现各场景之间的交互功能。 　　(6) 实现页面交互 　　在本项目中,对页面交互功能的需求主要存在于内容简介和工作原理两个场景中,其中内容简介场景需要实现视频的播放/暂停功能,工作原理场景则还需要实现视频切换的功能。 　　在 Project 的 Script 文件下新建一个 C♯脚本,将其命名为 MPmanager。使用 VS 打开进行脚本编辑,引用 UnityEngine. Video、System、UnityEngine. UI、RenderHeads. Media. AVProVideo 3 个命名空间,以方便后面调用命名空间内的相关方法。 　　在 MPmanager 类内开始撰写主程序,首先要声明播放器变量、视频文件、按钮物体、按钮(激活)图片、按钮(未激活)图片 4 个路径数组,以及播放和暂停两个按钮变量。变量声明如下图所示。 　　在 Start()方法内,撰写 if 语句判断按钮物体数组的长度不为零,则将按钮物体的贴图设置为按下状态。程序下图所示。 	

序号	关键步骤	实　施　要　点	注意事项
| 5 | 交互开发 | 在 MPmanager 类内撰写视频播放与暂停方法 PlayVideo（）和 PauseVideo（），以控制视频的播放与暂停，并更新播放/暂停控件的状态。程序如下图所示。<br><br>```
58        //播放/暂停
59    □   public void PauseVedio()
60        {
61            btn_pause.gameObject.SetActive(false);
62            btn_play.gameObject.SetActive(true);
63            print("333");
64            player.Pause();
65        }
66
67        //播放/暂停
68    □   public void PlayVedio()
69        {
70            btn_pause.gameObject.SetActive(true);
71            btn_play.gameObject.SetActive(false);
72            player.Play();
73        }
```<br><br>在 MPmanager 类内撰写视频切换方法 ChangeVideo（），更改 MediaPlayer 物体下的视频路径，并通过 for 语句和 if 语句修改六大部件按钮的贴图。程序如下图所示。<br><br>```
public void ChangeVideo(string str)
{
    int i = Convert.ToInt32(str);
    player.m_VideoPath = VcIips[i];
    player.OpenVideoFromFile(player.m_VideoLocation, player.m_VideoPath, player.m_AutoStart);
    for (int j = 0; j < btns.Length; j++)
    {
        if (i == j)
        {
            btns[j].GetComponent<Image>().sprite = imgs[j];
        }
        else
        {
            btns[j].GetComponent<Image>().sprite = newImgs[j];
        }
    }
}
```<br><br>在 MPmanager 类内撰写播放器响应事件方法，通过不断获取响应类型的值获取播放器的状态，并更新播放/暂停控件的状态。程序如下图所示。<br><br>```
/// <summary>
/// 播放器响应事件
/// </summary>
/// <param name="mp"></param>
/// <param name="et"></param>
/// <param name="er"></param>
public void OnVideoEvent(MediaPlayer mp, MediaPlayerEvent.EventType et, ErrorCode er)
{
    switch (et)
    {
        case MediaPlayerEvent.EventType.ReadyToPlay:
            print("ReadyToPlay");
            break;
        case MediaPlayerEvent.EventType.FirstFrameReady:
            print("FirstFrameReady");
            btn_pause.gameObject.SetActive(true);
            btn_play.gameObject.SetActive(false);
            break;
        case MediaPlayerEvent.EventType.FinishedPlaying:
        {
            btn_pause.gameObject.SetActive(false);
            btn_play.gameObject.SetActive(true);
        }
            break;
        default:
            break;
    }
}
``` | |
```

序号	关键步骤	实　施　要　点	注意事项
5	交互开发	在内容简介场景的 Hierarchy 中新建一个空物体 GameObject，作为页面交互的控制对象，将前面编辑的脚本 Mpmanager 挂载到 GameObject 下面。 此时，可以观察到 MPmanager 中定义的变量出现在 inspector 中。首先，将 MediaPlayer 物体挂载到 Player 变量上；其次，将6个按钮物体依次挂载到 Btns 数组中；然后将6个按钮的两种贴图依次挂载到 Imgs 数组和 Newimgs 数组中；再次，将播放、暂停按钮物体分别挂载到 Btn_play 和 Btn_pause 变量上，在 Vclips 数组中依次输入六大视频文件的名称(附带格式)。最后，将 GameObject 挂载到 MediaPlayer 物体的 Events 控件下，将 Events 控件的响应功能指向 Mpmanager.ChangeVideo 方法。 至此，各场景及页面的交互过程基本开发完成。此时，我们可以进行试运行以检验系统的配置状态，并通过不断修改最终实现想要的效果。 (7)打包发布 在菜单栏中点击"Build Settings"，开始项目发布设置。首先，在 Scenes In Build 中勾选所有的场景。然后，在 Platform 中选择 Android，并点击 Switch platform 将发布类型设置为安卓。最后，在右侧设置所需的参数，并勾选必要的选项。(注意如果要实现语音识别，就必须勾选 Export Project，从而便于将导出的项目工程文件进行二次开发)。 当然在打包前，还有一些参数需要设置，点击 Player Settings 按钮，修改 Company Name 和 Product Name。Default Orientation 属性是控制程序在手机上运行时的朝向的，这个可以按个人喜好选择。 此外，还要在 Other Settings 中将 Package Name 的格式修改为 com.company.product，修改好后点击 Export 即可导出项目工程文件。 **3.语音引擎实现** (1)下载安装 Android Studio 在 www.Android.org 网站直接下载所需版本的 Android Studio 安装包，双击下载文件进入安装向导。 在选择安装路径时，虽然可以选择自己想要安装的盘符，但必须选择一个空间足够的文件夹。 在安装过程中，基本选择默认选项即可。注意安装过程中，有一个 Android SDK 安装路径，直接选择默认即可。 (2)创建百度智能云平台应用 登录百度智能云，打开左侧导航栏找到语音技术，进入到概览界面中，点击创建应用(如下图所示)。	

序号	关键步骤	实　施　要　点	注意事项
5	交互开发	填写合适的应用名称和语音包名。注意语音包名称,最好与 Unity 打包时打包的 Package Name 名称一致。创建完毕后,点击查看应用详情,复制 AppID、API Key、Secret Key 3 个信息备用。 　　(3) 下载百度云语音识别 SDK 　　在百度大脑 AI 开放平台中,进入 SDK 下载页面直接下载最上面的"语音识别 Android SDK"即可,下载后进行解压备用。 　　(4) 导入 Unity 打包的 Android 项目 　　启动 Android Studio 应用,点击 Import project,导入之前 Unity 打包的安卓项目工程文件夹。 　　(5) 接入百度语音识别 SDK 　　首先,导入 Core 文件。点击 File-New-New Module,选择百度语音安卓 SDK 解压包里的 Core 文件夹,点击 Finish 即可。完成后在工程文件夹便可看到 Core 的相关组件。 　　然后开始配置 App。右击 App 目录选择 Open Module Settings,在打开的界面选择 Dependencies → App → ＋ 号 → Module Dependency。 　　在弹出的界面勾选 Core 后点击 OK,然后选择 Apply。此时观察 Build. gradle(module:App)文件,发现上面显示了 API Level 版本号,下面自动添加了如下一行 implementation project(path:':core'),根据 App/Build. gradle(module:App)更改 Core/Build.gradle(module:core)部分版本号。 　　然后,在 core\manifests\AndroidManifest. xml 文件里,替换提前保存的 AppId、AppKey 与 SecretKey 的值。至此,百度语音识别才算完全配置完成。 　　(6) 开发语音交互 　　根据 Unity 开发工程师提供的语音指令说明文档,编写具体的交互代码。	

序号	关键步骤	实　施　要　点	注意事项
5	交互开发	(7) 打包成 APK 文件 　　代码开发完毕后后,就可以生成 APK 文件。点击菜单栏"Build-Generate Signed Bundle / APK",然后选择 APK。 　　进入下一步,系统要求选择密匙文件路径和密码。如果是第一次创建,就需要点击下方的"create new"新建一个密匙文件,然后选择密匙的存储路径并填写一个密码名称,点击 OK 后输入两处"password"值,简单填写姓名,单击 OK 进入下一步。 　　进入下一步后,首先选择 APK 文件存储位置,其次选择文件类型为 Release(release 类型比 Debug 类型文件更小,而且能防止他人反编译)的文件,最后点击"finish"等编译完成。当项目工程文件夹目录中出现一个后缀为 Release.apk 的文件时,表示 APK 打包成功。	
6	审核修订	系统开发完成后,必须进行软硬件联合测试。通过安卓系统各尺寸的触控一体机、大屏电视等,反复执行完整的互动交互过程,查看平面、模型、贴图等元素是否完善,测试语音、手动等交互过程是否流畅,以便对于系统设计、功能上的不足进行及时优化。	

(三) 实训任务

参照《发动机冷却系统》总脚本内容,严格按照实训要求中的标准和规范,基于所提供的模型、UI、配音等素材,使用 3Dmax、After Effects、Unity 软件,完成下面的实训任务。

1. 任务内容

首先,使用 3Dmax 软件基于已有素材制作出发动机结构、功能、展示介绍的三维序列帧。其次,使用 AE 软件将序列帧合成效果更丰富的三维动画视频。最后,使用 Unity 软件进行文本、UI、视频的融合设计,并实现手动和语音交互效果,最终输出对应的 APK 课件成品文件包。

2. 任务素材

在开始实训任务前,请在任课教师的指导下,下载对应素材。

素　材　类　型	包　含　内　容
素材下载清单	平面、配音、序列帧、模型、动画视频等

3. 成品欣赏

完成实训任务后,请在任课教师的指导下,下载并欣赏此任务对应的项目成品效果。

(四) 实训评价

根据下方评价标准,给自己的实训成果进行打分,每项 10 分,总分 100 分。

序号	评价内容	评　价　标　准	分数
1	平面设计	软件背景设计是否美观	
2		软件页面各元素的排版是否美观	
3	模型设计	设计发动机模型时面数配置是否合适	
4		发动机模型、材质等命名是否规范	
5		发动机模型贴图设计是否美观	
6	视频制作	冷却系统动画展示与语音介绍是否匹配	
7		冷却系统动画整体呈现效果是否美观	
8	交互开发	语音识别是否准确	
9		各页面及功能的交互反馈是否流畅	
10		系统长时间运行时是否稳定	
总体评价			

(五) 实训总结

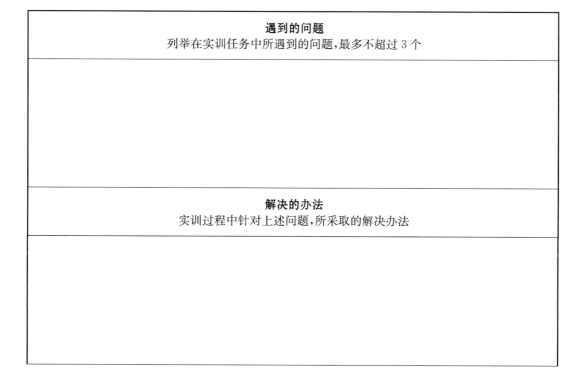

遇到的问题
列举在实训任务中所遇到的问题,最多不超过 3 个

解决的办法
实训过程中针对上述问题,所采取的解决办法

个人心得 项目实训过程中所获得的知识、技能或经验

案例 14

MR 家居应用实训项目

一、项目介绍

（一）项目描述

某高校希望基于 MR 软硬件平台，开发出一款 MR 家居应用软件，让学生可以通过混合现实交互，以实现在真实家庭空间内进行虚拟装修的操作。基于学校需求，本项目决定使用三维建模技术，设计出家装所需的沙发、茶几、电视机、花盆、桌椅等三维物体，并使用 Unity 引擎开发对应的软件交互功能，最终实现用户带上 MR 头盔后可以进行家具摆放、变换等家装功能。

（二）基本要求

用户带上 MR 眼镜后，可以通过透明玻璃镜片看到现实空间的真实场景，同时还可以看到对应的交互界面和按钮。用户通过相关的软硬件交互操作，可以从对应的家具库调出家具并调整家具的大小、方向、纹理等属性，并将其放置于眼前空间的任意位置。如果对家具的大小、方向、位置、纹理、颜色等不满意，还可以进行二次变换操作。

（三）作品形式

用户启动家装应用后，可设置一段语音＋文字的引导语，为用户讲解系统的操作方法。正式进入家装环节后，用户可以通过手势调出家具库界面，从中选择一张家具图片进而在虚拟空间内呈现与其对应的三维模型，并通过手势将其放在镜头前现实空间的任意位置。通过此方法依次摆放完各种家具，最终完成 MR 家装功能。项目最终打包为 appx 或者 appxbundle 格式，在微软 MR 眼镜 hololens 上运行。MR 效果图如下。

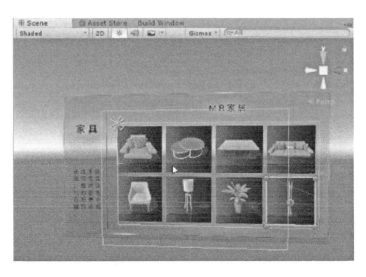

二、项目实训

基于上述客户真实的项目需求,归纳项目实施过程中的基本要求、标准规范和实施步骤,选取其中典型的课程设计对应的实训活动。

(一) 实训要求

1. 制作要求

(1) 总体要求

① 本项目属于数字教育行业,在制作开发中要注重教育行业特色。

② 由于本项目最终成果面向的对象是成人,因此在界面风格、交互方式上要符合成人的习惯特点。

③ 由于本项目在交互使用时要用到台式电脑、MR 头盔等硬件设备,因此需充分考虑设备的功能、性能和操控体验。

(2) 模型设计要求

① 三维模型设计要尽量符合真实家居的样式、大小和比例。

② 模型材质贴图要能贴近真实家具的颜色、纹理和视角。

③ 纹理贴图要能比较均匀地映射到三维模型上,贴图接缝也要尽可能齐整。

(3) 交互开发要求

① 交互设计要符合日常人的行为习惯,使 MR 家装过程生动形象。如日常搬动家具时的从下往上的托举、从左往右的推动、从上往下的放置等操作过程。

② 软件交互操作要流畅自然,无掉帧、卡顿等现象。

(4) 其他要求

① 图片、模型、贴图等素材如来自网络搜集,要尽量选择版权免费的,如遇版权不明的,则需及时记录下来。

② 实训过程中,需要各位同学互相配合完成的任务,同学们可自行结成任务小组并推出组长,各同学通力合作共同完成实训任务。需要各位同学独立完成的,则严格要求自行独立完成,不可进行抄袭、借用等行为。

③ 各位学生需在规定课堂时间内完成实训任务,规定时间完不成的则自行在课外完成,并最终在规定时间内提交实训作品。

2. 技术规范

(1) 模型规范

① 模型位置。全部物体模型最好设定在原点。若没有特定要求,则必须以物体对象中心为轴心。

② 面数控制。单个物体控制在 1 000 个三角面,单屏展示的物体总面数应控制在 7 500

个三角面以下,系统全部物体合计不超过 20 000 个三角面。

③ 模型优化。合并断开的顶点,移除孤立的顶点,删除多余或者不需要展示的面,能够复制的模型尽量复制,模型绑定之前必须做一次重置变换。

④ 模型命名。模型命名不能为中文,且不能重名,建议使用物体通用的英文名称或者以汉语拼音命名,以便项目后期的修改。

(2) 材质规范

① 材质球命名与物体名称要一致,材质球的父子层级的命名必须一致。

② 材质的 ID 号和物体的 ID 号必须一致。

③ 同种贴图必须使用同一个材质球。

④ 贴图命名不能为中文,不能有重名。

⑤ 带 Alpha 通道的贴图存储为 tga 或者 png 格式,在命名时必须加_al 用以区分。

⑥ 贴图文件尺寸须为 2 的 N 次方 (8、16、32、64、128、256、512、1 024)最大尺寸不得超过 2 048×2 048 像素。

⑦ 除必须要使用双面材质表现的物体之外,其他物体不能使用双面材质。

⑧ 若使用 Completemap 烘焙,烘焙完成后会自己主动产生一个 Shell 材质,必须将 Shell 材质变为 Standard 标准材质,而且通道要一致,否则将不能正确导出贴图。

⑨ 模型通过通道处理时需要制作带有通道的纹理。在制作树的通道纹理时,最好将透明部分改为树的主色,这样在渲染时能够使有效边缘部分的颜色正确。通道纹理在程序渲染时占用的资源比同尺寸的普通纹理要多,通道纹理命名时应以_al 结尾。

(3) Unity VR 制作要求

① 文件命名规范。各文件或文件夹需按照对象名称、类型或功能进行统一规范的英文命名,所有资源原始素材统一使用英文小写命名,并通过下划线"_"来拼接,预设(Prefab)、图集(Atlas)等处理后的资源,则以大写开头命名,最终起到"清晰明了"的作用。

② 文件管理规范。UI、模型、贴图、材质、场景、脚本、预设体等各类型的资源在创建或归档时,需要放入对应的规范命名的文件夹里。

③ 程序编写规范。各参数、各函数、各脚本在创建时,可按照对象名称或功能进行英文命名,也可根据需要在代码后面添加注释,以方便后期查找与修改。

(二) 实训案例

1. 案例脚本

MR 家居项目策划方案
1. 项目简介 "MR 家装展示"——是一款基于 HoloLens 虚拟与混合现实开发的项目,用户可以通过混合现实技

MR 家居项目策划方案
术看到一套精致的室内家装展示,可以通过移动身体查看每个房间中不同的家具,还可以通过按键对家具的摆放位置、颜色、样式等进行调整。 **2. 项目要求** ① 我们将以教室为场地,模拟客厅的沉浸式家居体验,自由设计未来的家。 ② 通过注视场景获取操作教学的 UI 界面或者全息天气环境显示。 ③ 通过手势选择和摆放家居模型,并更改家居样式。 ④ 通过手势开关电视或者播放音乐。 **3. 项目参数** **房间大小:** 3 * 3 m **家具:** 沙发、电视、音响、电视柜、空调、台灯、餐桌、茶几、茶具、地毯、植物盆栽

2. 实施步骤

序号	关键步骤	实 施 要 点
1	脚本研读	认真阅读脚本的制作要求,提炼重点信息,如信息较多则建议用笔或者文档将关键信息摘录下来以作参考。建模工程师,重点关注模型种类、模型数量、模型风格等相关信息;交互开发工程师,重点关注交互流程、交互信息、交互功能等信息;平面设计工程师,重点关注项目基本需求和所在行业。
2	素材获取	根据脚本研读的结果,各工程师要对所需的素材来源进行分析并确定:哪些素材可以从以往相似项目直接调用,哪些素材可在相关网站找到类似的素材并能在修改后使用,哪些素材需要自行构思制作,但可以从网络上找到类似的平面素材以辅助自己构思设计(尤其是三维模型)。
3	软件安装	为了完成本项目的开发,需要安装三维设计软件 Unity,编译环境软件 Visual Studio。如果没有 HoloLens 真机,还需要安装 HoloLens 模拟器 HoloLens Emulator。此处重点介绍 HoloLens Emulator 的安装和配置。 (1) 模拟器的安装 打开事先下载好的安装包,找到 Emulator Setup 应用程序,双击安装,自定义安装路径,完成模拟器的安装。要想在 Windows 中使用 Hololens 模拟器,还需要将设置改为开发者模式,即依次点击开始→设置→更新和安全→开发人员模式进入开发者模式(如下图所示)。

序号	关键步骤	实　施　要　点
3	软件安装	（2）模拟器的使用 　　模拟器的控制和许多3D视频游戏非常相似,也可以使用键盘、鼠标或Xbox控制器来进行操作,并且在模拟器上运行的应用程序会像在真实设备上一样具有响应。具体的使用操作如下: 　　**向前、向后、向左和向右**——在模拟器中配合使用键盘上的 W、A、S 和 D 键,或 Xbox 控制器上的左键。 　　**向上、向下、向左和向右查看**——单击并拖动鼠标,使用键盘上的箭头键或 Xbox 控制器上的右键。 　　**空中点击手势**——右键单击鼠标/按键盘上的 Enter 键或按空格/使用 Xbox 控制器上的 A 按钮。 　　**Bloom 绽放手势**——回到主窗口。按键盘上的 Windows 键或 F2 键,或按 Xbox 控制器上的 B 按钮。 　　**用于滚动的手部移动**——按住 Alt 键的同时,按住鼠标右键,然后向上/向下拖动鼠标,或者在 Xbox 控制器中按住右侧触发器并按下 A 按钮并向上和向下移动右侧按钮。 　　**旋转视角(凝视)**——鼠标左键按下并拖拽,或者使用键盘上的上下左右箭头按键进行操作,此时屏幕的正中央就是凝视的位置。
4	模型设计	本项目需要设计的模型,主要包括沙发、电视、音响、电视柜、空调、台灯、餐桌、茶几、茶具、地毯、植物盆栽。在模型设计过程中,可以在现有模型的基础上进行修改,也可以参考现实中的家具进行临摹。同一种家具,可以设计 2~3 个样式的贴图,以供用户在家具陈设时改变家具花色。
5	界面设计	根据项目场景需要,设计对应的平面素材。如本项目进入系统后的主界面、家具选择页面、系统操作方法提示界面,以及每个家具样式的纹理贴图等。下面重点讲解主界面、家具选择界面的制作步骤。 　　**1. 制作欢迎界面 UI** 　　本课时需要制作出欢迎界面。首先在 Unity 中打开 Origami 工程。新建一个场景,并将其命名为 MRhome。打开 MRhome 场景,设置主摄像机：将位置归零,背景设置为黑色(如下图所示)。 　　将 Project 面板中的 Holograms 文件夹下的一个预设"Cursor",拖到 Hierarchy 面板中,将素材库中的 World Cursor 脚本,挂载到 Hierarchy 面板中的 Cursor 上。

序号	关键步骤	实　施　要　点
5	界面设计	在 Hierarchy 面板中点击右键→UI→Canvas,创建一个 Canvas。选中 Canvas,在 Inspector 面板中先将 Render Mode 设置为"World Space"模式,然后设置距离为 5,最后调整 Canvas 在场景中的大小。 添加欢迎界面。首先在 Hierarchy 的 Canvas 下创建一个空物体,命名为"WelcomePanel"。右击 WelcomePanel→UI→Image/Text/Button,创建 3 个 WelcomePanel 的子物体:Image(命名为 BG)、Text、Button。 设置 BG。选中 Project 中 welcome 文件夹下的 welcome_Bg,将其 Texture Type 设置为 2D 模式。按照同样的方法,将下图框中的"Welcom_button"及"Welcom_fx"两张图样设置为 2D 模式,为后续操作做准备。 选中 Hierarchy 面板中的 BG,将下图框中的图 welcome_Bg 拖至 Inspector 的 Source Image 处,点击 Apply,并将 BG 的锚点设置为中央,将 Raycast Target 的勾去掉。 设置 Text。选中 Hierarchy 中的 Text,在 Inspector 中输入需要在欢迎页面显示的文字内容,然后设置字体、大小、颜色等参数。

序号	关键步骤	实　施　要　点
5	界面设计	设置 Button。选中 Hierarchy 中的 Button,将 project 面板中的图片 welcome_button 拖到 Inspector 面板中的 Source Image 处,点击 Apply。将 Button 的锚点设置为下侧,为 Button 添加 Box Collider 组件。 选中 Button 下的子物体 Text,将 Button 按钮显示文字设置为 Start,并根据需要设置字体大小等参数。 为了让欢迎界面在程序开启后能一直出现在视野当中,我们还可以给它添加两个组件: Billboard 和 Tagalong。最后做出的欢迎界面 UI 画面效果如下图所示。 **2. 制作家具选择界面 UI** 在 Hierarchy 面板中的 Canvas 下创建一个空物体,将其命名为 SelectPanel。然后,右击 SelectPanel→UI→Image/Scroll View,创建 2 个 SelectPanel 的子物体:一个为 Image(命名为 BG)、一个为 Scroll View。 在 Project 面板中 UI——home 文件夹下,将 Home_bg 设置为 2D 模式。选中 Hierarchy 中 SelectPanel 下的 BG,将 project 面板里的 Home_bg 图片素材,拖到 Inspector 面板中的 Source Image 处,点击 Apply。将 BG 的锚点,设置为物体中央,在场景中将 BG 调整为合适的大小缩放。 设置 Scroll View。Scroll View 下自带了 3 个子物体,需要将其他的两个删除,仅保留 Viewport。然后在 Viewport→Content 下,创建 8 个 Image,用于呈现 8 种家具的照片。同时,还需要对照 Project 面板中"UI——home"文件夹下的 8 种家具图片的名称,将 8 个 Image 一一对应后进行重命名,以确保两者名称的一致。 以 Light 为例,将 Hierarchy 面板中的一个 Image 重命名为 Light 后(就是与 Project 中图片的名称一致),选中这个 Light,然后将 projct 面板里的 light 素材拖到 Inspector 面板中的 Source Image 处,点击 Apply。按同样的步骤,对其他 7 种家具的图片也设置一下。 选中 Hierarchy 中的 Content,在 Inspector 中添加 Grid Layout Group 组件,然后调整合适的参数并逐一对 Hierarchy 中的 8 张家具图片添加 Box Collider 组件。最终实现的画面效果如下。

序号	关键步骤	实　施　要　点
6	交互开发	**1. 交互素材导入** 在 Unity 中打开 Origami 工程,然后导入素材包 MRsucai.unitypackage 以及 HoloToolkit 插件 HoloToolkit-Unity-2017.4.3.0.unitypackage(版本需与 Unity 一致)。 **2. 实现 Start 功能** 实现 Start 功能,即在场景中首先看到 WelcomePanel 欢迎界面,然后在点击欢迎界面的 Start 按钮后,当前欢迎界面会被隐藏掉,紧接着出现 SelectPanel 家具选择界面。 1) 隐藏其他界面 编辑脚本前,先将 SelectPanel 家具选择界面进行隐藏,勾选 WelcomePanel 欢迎界面,并将其显示。 2) 撰写脚本 首先,在 Inspector 面板中 MRhome 文件夹下创建一个脚本,将其命名为 UIManager,并挂载在 Canvas 上。在脚本中添加 OnSelect 方法,代码如下图所示。 ```csharp\npublic class UIManager : MonoBehaviour {\n\n // Use this for initialization\n void Start () {\n\n }\n\n // Update is called once per frame\n void Update () {\n\n }\n\n // 检测到Select手势时, GazeGestureManager会发送此消息\n void OnSelect()\n {\n transform.GetChild(0).gameObject.SetActive(false);\n transform.GetChild(1).gameObject.SetActive(true);\n }\n}\n``` 然后,将之前创建的脚本 GazeGestureManager 挂载到主摄像机上。最后,对项目进行打包,验证一下效果。依次点击 File→Build Settings,在弹出的窗口中,选择 Universal 模式,点击 Build 按钮。在弹出的窗口,点击"选择文件夹"按钮,然后等待部署。 打包完成后,可在项目工程文件中,查看到打包出的文件 MRhome。我们打开 MRhome 文件夹中的 Origami.slh,打开之后,需要保证下图三处是否设置完成。 Origami · Microsoft Visual Studio 文件(F)　编辑(E)　视图(V)　项目(P)　生成(B)　调试(D)　团队(M)　工具(T)　测试(S)　分析(N)　窗口(W)　帮助(H) Release · x86 · HoloLens Emulator 10.0.14393.1358 点击菜单栏→调试→开始执行(不调试)。等待一会儿,出现模拟器后,便可在模拟器内验证之前的设置。 **3. 实现通过手势生成家具** 前面已经完成了对二级界面(家具选择界面)UI 的制作,接下来我们将实现点击二级界面中的家具,然后在场景中出现其对应模型的功能。

序号	关键步骤	实　施　要　点

6	交互开发	在 Hierarchy 面板中的 SelectPanel→Scoll View→Content 中,含有 8 种家具图片素材,需要给每张图片添加一下标签。例如,选中一张名称为 ArmChair 的图片,在 Inspector 面板中的 Tag 选项中,选择 Add Tag。在 Tag 中,点击右下角的＋号,添加一个名为 jiajuImg 的标签。采用同样的方法,为其余 7 张图片也添加设置一下标签,并将名称都改成 jiajuImg。
		
		撰写代码。在 Project 面板中的 Scripts→MRhome 下创建一个脚本,并将其重命名为 CreateManager。在 CreateManager 脚本中写一个回调方法,先创建一个名称为 CreateJiaJu 的方法。
		
		打开 GazeGestureManger 脚本,在 Start 方法中加上一段判定是否开始生成家具的代码,代码执行的功能主要为"当目标对象的 Tag 为 jiajuImg 时,目标就会发送信息调用它身上的 CreateJiaJu 方法"(代码如下图所示)。随后保存脚本,并将 CreateManager 脚本挂载到所有家具上。
		
		`// Use this for initialization`
		`void Start () {`
		`    Instance = this;`
		`    //用来检测Select手势`
		`    recognizer = new GestureRecognizer();`
		`    recognizer.Tapped += (args) =>`
		`    {`
		`        //向凝视的物体和父物体发送OnSelect消息`
		`        if (FocusedObject != null)`
		`        {`
		`            if(FocusedObject.tag == "jiajuImg")`
		`            {`
		`                FocusedObject.SendMessage("CreateJiaJu");`
		`            }`
		`            else if (FocusedObject.tag == "jiaju")`
		`            {`
		`                FocusedObject.SendMessage("OnSelect");`
		`            }`
		`            else`
		`            {`
		`                FocusedObject.SendMessageUpwards("OnSelect", SendMessageOptions.DontRequireReceiver);`
		`            }`
		`        }`
		`    };`
		`    recognizer.StartCapturingGestures();`
		`}`
		
		再创建一个脚本,将其重命名为 GameManager,并将该脚本做成一个单例模式。然后,创建三个变量:一个为 point,这个代表家具的生成位置;第二个是数组 allJiaJu,代表所有家具的原型;第三个是词典 jiaJus,每一个家具的名称对应一个 GameObject。代码如下图所示。
		
		`private GameManager() { }`
		`private static GameManager instance;`
		`public static GameManager Instance { get { return instance; } }`
		
		`public GameObject point;`
		`public GameObject[] allJiaJu;`
		`public Dictionary<string, GameObject> jiaJus = new Dictionary<string, GameObject>();`
		
		接下来在场景中创建一个空物体,将其重命名为 CreatePoint,然后在 Inspector 面板中,将它的位置设置为(0,−0.5,2),以表示它在用户的正前方两米处,离地面 0.5 米。最后,将 GameManager 脚本挂载到这个 CreatePoint 下。

序号	关键步骤	实　施　要　点

6	交互开发	首先,将 Prefab 文件夹放到 Resources 文件夹下。然后,回到 GameManager 脚本中,通过 GameObject.Find()来找到家具生成位置,并通过 Resources.LoadALL 方法来加载所有家具。接着通过 for 循环,对词典进行赋值并保存脚本(代码如下图所示)。
		
		```csharp\n// Use this for initialization\nvoid Start () {\n point = GameObject.Find("CreatePoint");\n allJiaJu = Resources.LoadAll<GameObject>("Prefab");\n for (int i = 0; i < allJiaJu.Length; i++)\n {\n jiaJus.Add(allJiaJu[i].name, allJiaJu[i]);\n }\n}\n\n// Update is called once per frame\nvoid Update () {\n\n}\n```
		
		然后,打开 CreateManager 脚本,并在这个脚本中调用 GameManager。创建一个变量接收,通过克隆方法来实现。最后,根据需要再整体缩放一下家具模型的大小(代码如下图所示)。
		
		```csharp\npublic class CreateManager : MonoBehaviour {\n\n void CreateJiaJu()\n {\n GameObject obj = Instantiate(GameManager.Instance.jiaJus[gameObject.name],\n GameManager.Instance.point.transform.position,\n Quaternion.identity);\n obj.transform.localScale = new Vector3(80, 80, 80);\n }\n}\n```
		
		脚本都保存挂载完成之后,保存场景,运行测试一下。运行前要先将这个二级界面隐藏:选中 SelectPanel,在属性面板中取消勾选它即可。
		最后可以实现这样的效果:例如,当目光凝视到界面中的沙发图片时,使用 Air Tap 手势(当前模拟器可配合使用空格键、回车键或者鼠标右键来操作),沙发模型就会展示在面前(如下图所示)。
		
		4. 实现凝视家具
		首先,需要在事先导入进来的 HoloToolKit 文件夹的路径下,找到 Input→Perfabs→InputManager,将 InputManager 拖拽到 Hierarchy 面板中。在同样的主路径下,找到 WithFeedback 组件,并拖拽到场景中。

序号	关键步骤	实　施　要　点
| 6 | 交互开发 | 选中 InputManager,并在属性面板中找到 Simple Single Pointer Selector 脚本下的 Cursor 参数,然后将组件 CursorWithFeedback 赋给它(属性设置如下图所示)。原来 Hierarchy 面板中的 Cursor 文件夹可以删除。<br><br><br><br>查看组件 CursorWithFeedback 中已经设置好的 5 种光标状态数据。在其属性面板中的 Object Cursor 脚本下,可以看到这几个光标状态:一是用户正在查看全息图,但是没有使用手势时;二是用户查看全息图并使用手势时;三是用户不在凝视状态下也没有使用手势时;四是不在全息状态下使用手势时;五是凝视到目标并选择时。<br><br>**5. 实现旋转家具**<br>首先,先将光标改成旋转光标,在 Porject 面板中,找到 Holograms 文件夹下的旋转光标 ScrollFeedback,将这个光标拖拽到 Hierarchy 面板中的光标文件夹 CursorWithFeedback 下。<br>然后,在 CursorWithFeedback 的属性面板中,找到脚本 CursorFeedback 下的旋转属性,将 ScollFeedback 托拽到该属性中。<br>以旋转沙发为例。首先,在场景中放一个沙发。然后,选中它并在 Inspector 面板中添加一个 Box Collider 检测器,让沙发能够被检测到。具体添加方法是:点击属性面板下面的 Add Component 进行搜索,然后将标签设置为 jiaju。<br>在 Scripts 脚本文件夹下的 MRhome 中,添加一个 GestureAction 脚本。GestureAction 脚本是继承自 MonoBehaviour 和 3 个接口:INavigationHandler、IManipulationHandler、ISpeechHandler,并实现这 3 个接口的抽象方法,它们分别代表旋转、移动和语音输入的功能。接着设置速度变量:RotationSensitivity 旋转速度,然后再创建一个变量判断是否要旋转(代码如下图所示)。<br><br>```csharp
public class GestureAction : MonoBehaviour, INavigationHandler, IManipulationHandler, ISpeechHandler
{
    [Tooltip("Rotation max speed controls amount of rotation.")]
    [SerializeField]
    private float RotationSensitivity = 0.9f;

    private bool isNavigationEnabled = false;
    public bool IsNavigationEnabled
    {
        get { return isNavigationEnabled; }
        set { isNavigationEnabled = value; }
    }

    private Vector3 manipulationOriginalPosition = Vector3.zero;
```<br><br>旋转用到 3 个方法。其中前两个是旋转开始和旋转中,后一个是旋转完成。旋转开始是实时调用的,只要触发它就会调用。旋转中是通过判断变量来实现,但需要给定旋转速度以及旋转轴。 |
```

序号	关键步骤	实　施　要　点
6	交互开发	回到项目中,选中场景面板中的 CreatPoint,在属性面板中给它添加一个脚本,并在 Add Component 中搜索 Speech Input Source,将其添加进来。将脚本添加进来后,展开 Keywords,输入两个语音控制指令:move 移动命令与 rotate 旋转命令(属性设置如下图所示)。 再次回到 GestureAction 脚本,加入语音检测代码,当说"rotate"时就开启旋转功能(代码如下图所示)。最后,将 GestureAction 脚本挂载到所有家具预设上。 **6. 实现移动家具** 在 Porject 面板中,找到 Holograms 文件夹下的移动光标 PathingFeedback,并将这个光标拖拽在 Hierarchy 面板中的 CursorWithFeedback 下。然后在 CursorWithFeedback 的属性面板中找到脚本 CursorFeedback,其下有一个移动的属性,接着将上一步添加的 PathingFeedback 托拽到该属性中。 选中场景面板中的 CreatPoint,在 Speech Input Source 组件中添加一个 move 指令,并展开 Keywords(前面已经提前将 move 语音控制指令输入)。 我们仍以沙发为例。打开 GestureAction 脚本,设置移动代码(代码如下图所示)。当旋转功能关闭时,进入移动模式,对应的光标会显示出来。 设置的移动位置是当前的位置加上空间分量,即物体在当前位置下跟随手势,进行位置移动(代码如下图所示)。

181

序号	关键步骤	实　施　要　点
6	交互开发	 　　最后,再加入语音检测代码,当说"move"时就关闭旋转功能,即开启移动功能(代码如下图所示)。 **7. 实现更换家具材质** 　　新建场景并保存场景,并将其命名为 Materials。然后,将模型 sofa 导入到场景中。 　　新建材质:命名为:sofa_ma;设置 Albedo 颜色值为 6E685D;设置 Smoothness 为 0.3;添加 Normal Map,可点击左侧的圆圈图标⊙,在弹出的窗口中搜索 Sofa_2_N,指定 Sofa_2_N 贴图。 　　指定 Secondary Maps:用同样的方法添加 Detail Albedo x2 搜索 Fabric_A,指定 Fabric_A 贴图;用同样的方法添加 Normal Map,搜索 Fabric_N,指定 Fabric_A 贴图。设置 Tiling 的 X 和 Y 值分别为 50(命名及参数如下图所示)。 　　新建材质:命名为 Sofa_Bottom_mat;设置 Albedo 颜色为 E8E8E8;设置 Metallic 为 1;设置 Smoothness 为 0.9;添加 Normal Map 贴图为 Sofa_2_N;添加 Occlusion 贴图为 Sofa_2_AO;将材质赋予模型 Element 3。 　　复制材质:首先,在 Project 窗口中选择 sofa_mat。然后,同时按 Ctrl+D 键复制出一个材质,将其重命名为 Sofa_Pillows_mat。最后,将 Albedo 的颜色更换为 446800,将材质赋予模型 Element 0。 　　复制材质:首先,在 Project 窗口中选择 sofa_mat。然后,同时按 Ctrl+D 键复制出一个材质,将其重命名为 Sofa_Pillows_2_mat。最后,将 Albedo 的颜色更换为 9E9E9E,将材质赋予模型 Element 1(沙发设置的材质效果如下图所示)。

序号	关键步骤	实 施 要 点
6	交互开发	 **8. 实现重置家具的位置** 　　在 Project 中,选中 1 个家具的预设体(从 8 个家具预设体中选 1 个即可),然后在 Inspector 面板中 Gesture Action 组件位置,点击右键选择"Edit Script",以打开 Gesture Action 脚本。 　　在 Gesture Action 脚本的语音输入方法中,添加 Reset 重置的代码,使语音识别到 Reset 时,家具会回到初始位置(代码如下图所示)。 　　这里补充说明一下,上图重置代码中的 Instance.point,与脚本 GameManager 中的内容是对应匹配的(代码如下图所示)。选中 Hierarchy 面板中的 CreatePoint,在 Inspector 面板中添加 Reset 指令。 　　最后,再加入语音检测代码,当说"Reset"时家具回到初始位置(代码如下图所示)。

序号	关键步骤	实　施　要　点
6	交互开发	 **9. 实现删除家具** 在 Project 面板中,选中 1 个家具的预设体,然后在 Inspector 面板中 Gesture Action 组件位置,点击右键选择"Edit Script",以打开 Gesture Action 脚本。 在 Gesture Action 脚本的语音输入方法中,添加 Delet 删除的代码,使语音识别到 Delet 时,家具会删除。 **10. 打包安装** 1) 项目设置 SDK 完成设置后,便会在菜单栏出现 Mixed Reality Toolkit,依次按 Mixed Reality Toolkit→Configure→Apply Mixed Reality Project Settings 的操作顺序打开窗口。在打开的 Apply Mixed Reality Project Settings 窗口中点击 Apply。 2) 打包操作 按 Mixed Reality Toolkit→Build Window 执行打开窗口。在 Build Window 窗口中,先输入确定项目名称,然后点击 Build all。 在项目工程文件内,根据上一步设置的项目名称找到对应的文件夹。在该文件夹中,有一个".appx"格式的文件,这就是 HoloLens 的旁加载应用包。 3) 连接 HoloLens ① 设置 HoloLens 和 Windows 设备控制台。打开并穿戴上 HoloLens,使用 Bloom 手势打开开始菜单,选中设置应用→更新选项→开发者选项,打开开发者模式;滑动页面打开设备控制台选项。打开设置面板,进入 WiFi 网络连接,点击 advance 网络信息,记下 HoloLens 设备的 IP 地址。 ② 通过 WiFi 连接。将 HoloLens 连上 WiFi,找到 IP 地址,在 PC 浏览器地址栏中输入 https：//＜hololens 设备的 IP＞。 ③ 创建用户名和密码。首次连接 HoloLens 上的设备控制台,需创建一个用户名和密码。在 PC 浏览器上访问 HoloLens 的 IP 地址时,会打开一个设置页面。点击 Request PIN(在 HoloLens 上查看生成的 PIN 码)并输入设备上出现的 PIN 码,输入一个用户名用于连接 HoloLens(当然,用户名不必是微软账号或者域账号密码)。最后,点击 Pair 按钮来连接到 HoloLens。 4) 打包安装 打包成 appx/appxbundle 文件后,在浏览器地址栏输入 192.168.7.101,进入安装界面。 在左侧菜单栏点击 Apps,然后点击 Add 按钮,进入 appx 安装界面(如下图所示)。将之前打包的 appx 文件,手动拖到"Install app package from local storage"虚线方框的位置,然后将"I want to specify framework packages"前的勾打上并点击 Next。

序号	关键步骤	实 施 要 点
6	交互开发	 　　点击 Next 后,进入 Dependencies 文件安装界面(之前打包的 appx 文件的所在文件夹中,有个 Dependencies 文件夹,打开这个文件夹下的 x86 文件夹),将 x86 文件夹下的两个 appx 文件拖到"Drag & drop framework package or click here to browse"窗口中,然后点击 Start,这样就完成了安装。成功安装后,会在网页内看到对应的信息。
7	审核修订	系统开发完成后,必须进行软硬件联合测试。通过 HoloLens,反复执行完整的游戏过程,查看平面、模型、贴图等元素是否完善,测试调出家具、放置家具、变换家具等交互过程是否流畅,对于系统设计、功能上的不足要及时进行优化。

(三) 实训任务

严格按照实训要求中的标准和规范,参照实训案例中的操作步骤,完成下面的实训任务。

1. 任务内容

参照"MR 家居"的脚本内容,下载安装所需的 Unity、Visual Studio 软件和 HoloLens Emulator、HoloTokit 插件,使用对应的模型、贴图、UI、音效等素材,制作出沙发、茶几、桌椅、电视、花盆等三维模型,并开发"选择家具""变换家具""放置家具"等交互效果,最终输出对应的 Unity 成品文件包。

2. 任务素材

在开始实训任务前,请在任课教师的指导下,下载对应素材。

素 材 类 型	包 含 内 容
通用素材	"MR 家居"通用素材
素材包	"MR 家居"素材

3. 成品欣赏

完成实训任务后,请在任课教师的指导下,下载并欣赏此任务对应的项目成品效果。

(四)实训评价

根据下方评价标准,给自己的实训成果进行打分,每项 10 分,总分 100 分。

序号	评价内容	评 价 标 准	分数
1	平面设计	欢迎界面、家具选择界面的设计是否美观	
2	模型设计	模型形状是否符合真实家具的外形	
3		模型设计的面数是否合适	
4		模型的命名是否规范	
5	贴图设计	材质贴图是否符合真实物品的特点	
6		材质球、贴图、纹理的命名是否符合规范	
7		贴图的比例、尺寸是否合理	
8	交互开发	交互操作逻辑是否符合真实家装的操作	
9		各部分的交互反馈是否流畅	
10		系统长时间运行时是否稳定	
总体评价			

(五)实训总结

遇到的问题 列举在实训任务中所遇到的问题,最多不超过 3 个
解决的办法 实训过程中针对上述问题,所采取的解决办法

个人心得
项目实训过程中所获得的知识、技能或经验